"十三五" 国家重点图书出版规划项目

排序与调度丛书 （二期）

生产与运输博弈调度

宫 华 孙文娟 著

清华大学出版社

北 京

内 容 简 介

本书聚焦智能制造下生产与运输问题中多目标优化与多主体博弈特征,基于调度理论及博弈理论研究生产与运输协调优化问题。综述了生产与运输协调调度及博弈理论在调度问题中的研究现状,主要讨论和介绍比例流水车间合作博弈调度、柔性流水车间合作博弈调度、单台批处理机生产与运输合作博弈调度、双机流水车间生产与运输非合作博弈调度以及考虑机器故障的并行机生产与运输非合作博弈调度等问题的优化模型、博弈模型、博弈性质及求解方法。

本书既可供高等院校运筹学与控制论、管理科学与工程、控制科学与工程等专业的教师和研究生使用,也可供相关领域的科研工作者参考。

图书在版编目(CIP)数据

生产与运输博弈调度 / 宫华,孙文娟著. -- 北京 : 清华大学出版社,2025.8.
(排序与调度丛书). -- ISBN 978-7-302-70111-8

Ⅰ. O223;F273

中国国家版本馆 CIP 数据核字第 2025BH3783 号

责任编辑:佟丽霞　赵从棉
封面设计:常雪影
责任校对:欧　洋
责任印制:丛怀宇

出版发行:清华大学出版社
　　　　网　　　址:https://www.tup.com.cn,https://www.wqxuetang.com
　　　　地　　　址:北京清华大学学研大厦 A 座　　　邮　　编:100084
　　　　社 总 机:010-83470000　　　　邮　　购:010-62786544
　　　　投稿与读者服务:010-62776969,c-service@tup.tsinghua.edu.cn
　　　　质量反馈:010-62772015,zhiliang@tup.tsinghua.edu.cn
印 装 者:北京同文印刷有限责任公司
经　　　销:全国新华书店
开　　　本:170mm×240mm　　　印张:9.5　　　字　　数:183 千字
版　　　次:2025 年 9 月第 1 版　　　　　　印　　次:2025 年 9 月第 1 次印刷
定　　　价:75.00 元

产品编号:106463-01

"排序与调度丛书"编辑委员会

丛书序言

我知道排序问题是从 20 世纪 50 年代出版的一本名为 *Operations Research*（《运筹学》，可能是 1957 年出版）的书开始的。书中讲到了 S. M. 约翰逊（S. M. Johnson）的同顺序两台机器的排序问题并给出了解法。约翰逊的这一结果给我留下了深刻的印象。第一，这个问题是从实际生活中来的。第二，这个问题有一定的难度，约翰逊给出了完整的解答。第三，这个问题显然包含着许多可能的推广，因此蕴含了广阔的前景。在 1960 年前后，我在《英国运筹学》（*Operational Research*，季刊，从 1978 年（第 29 卷）起改称 *Journal of the Operational Research Society*，并改为月刊）（当时这是一份带有科普性质的刊物）上看到一篇文章，内容谈到三台机器的排序问题，但只涉及四个工件如何排序。这篇文章虽然很简单，但我也从中受到一些启发。我写了一篇讲稿，在中国科学院数学研究所里做了一次通俗报告。之后我就到安徽参加"四清"工作，不意所里将这份报告打印出来并寄了几份给我，我寄了一份给华罗庚教授，他对这方面的研究给予很大的支持。这是 20 世纪 60 年代前期的事，接下来便开始了"文化大革命"，倏忽十年。20 世纪 70 年代初我从"五七"干校回京，发现国外学者在排序问题方面已做了不少工作，并曾在 1966 年开了一次国际排序问题会议，出版了一本论文集 *Theory of Scheduling*（《排序理论》）。我与韩继业教授做了一些工作，也算得上是排序问题在我国的一个开始。想不到在秦裕瑗、林诒勋、唐国春以及许多教授的努力下，跟随着国际的潮流，排序问题的理论和应用在我国得到了如此蓬勃的发展，真是可喜可贺！

众所周知，在计算机如此普及的今天，一门数学分支的发展必须与生产实际相结合，才称得上走上了健康的道路。一种复杂的工具从设计到生产，一项巨大复杂的工程从开始施工到完工后的处理，无不牵涉排序问题。因此，我认为排序理论的发展是没有止境的。我很少看小说，但近来我对一本名叫《约翰·克里斯托夫》的作品很感兴趣。这是罗曼·罗兰写的一本名著，实际上它是以贝多芬为背景的一本传记体小说。这里面提到贝多芬的祖父和父亲都是宫廷乐队指挥，当贝多芬的父亲发现他在音乐方面是个天才的时候，便想将他培养成一名优秀的钢琴师，让他到各地去表演，可以名利双收，所以强迫他勤学苦练。但贝多芬非常反感,他认为这样的作品显示不出人的气质。由于贝多芬有如此的感受,他才能谱出如《英雄交响曲》《第九交响曲》等深具人性的伟大乐章。我想数学也是一样,只有在人类生产中体现它的威力的时候,才能显示出数学这门学科的光辉,也才能显示出作为一名数学家的骄傲。

任何一门学科,尤其是一门与生产实际有密切联系的学科,在其发展初期那些引发它成长的问题必然是相互分离的,甚至是互不相干的。但只要研究继续向前发展,一些问题便会综合趋于统一,处理问题的方法也会与日俱增、深入细致,可谓根深叶茂,蔚然成林。我们这套丛书已有数册正在撰写之中,主题纷呈,蔚为壮观。相信在不久以后会有不少新的著作出现,使我们的学科呈现一片欣欣向荣、繁花似锦的局面,则是鄙人所厚望于诸君者矣。

越民义

中国科学院数学与系统科学研究院

2019 年 4 月

前　言

　　智能制造下生产与运输协调优化是微观视角下产品、设备、运输、资源与能耗等多维度的协同优化与博弈决策，具有强耦合性、不确定性和多目标性。如何围绕多目标、多工序、多约束的生产运输全流程要素，对生产与运输协调多目标优化进行机理研究，是优化能源消耗、生产成本、生产效率等综合指标的关键。生产与运输过程中多目标优化与多主体博弈增加了调度的复杂性与建模求解的难度，企业智能制造流程要实现生产运输动态有序、协调连续运行和多目标整体优化，需要在建模方法、优化算法、协调机制等方面进一步深度探索。本书考虑生产与运输过程中的多目标优化与博弈特征，基于调度理论以及博弈理论研究工业流程生产中的生产运输调度问题，以实现企业生产运输协调运行以及多目标整体优化。

　　本书从智能制造国家战略需求出发，以复杂生产与运输过程为背景，将基础研究与应用研究相结合，将调度理论与博弈论相结合，提炼出典型生产与运输协调多目标调度问题，探索不同车间生产环境下的生产运输调度理论、博弈建模理论以及求解问题的数学规划、智能优化与强化学习方法，并以钢铁企业为背景进行应用研究。以博弈视角研究生产运输调度理论与建模优化，有助于推动调度理论与博弈理论的交叉融合与前沿发展，有助于提高智能制造生产效率、降本增效，为提升企业智能化水平提供决策依据。

　　全书共分为9章。第1章绪论介绍智能制造下生产与运输问题中的博弈特征，并综述生产运输协调调度及博弈理论在调度问题中应用的发展现状；第2章和第3章分别介绍博弈的基本理论、基本博弈调度及强化学习方法；第4章～第6章分别利用合作博弈理论研究比例流水车间、柔性流水车间调度问题，以及单台批处理机生产运输协调调度问题，分析合作博弈性质，并给出合理的成本分配方法；第7章和第8章分别利用非合作博弈理论研究双机流水车间生产运输协调调度问题，以及考虑机器故障的并行机生产后运输协调调度问题；第9章对全书进行总结与展望。

　　本书受兴沈英才计划教学名师项目(XSMS2206003)、辽宁省教育厅高等学校基本科研项目(JYTMS20230201)、辽宁省教育科学研究基地专项重点课题(JG24JDA13)支持。

　　本书既可供高等院校运筹学与控制论、管理科学与工程、控制科学与工程等专业的教师和研究生使用,也可供相关领域的科研工作者参考。由于作者的水平有限,书中难免存在不足之处,敬请广大读者批评指正。

作　者

2025 年 1 月

目 录

第1章 绪 论

　　制造业是国民经济的主体,是立国之本、兴国之器、强国之基。《"十四五"智能制造发展规划》提出:智能制造是我国实现制造强国建设的主攻方向,是提升制造业整体竞争力、高效化和绿色化的核心技术。高效化是指整个生产过程的产品质量、能耗、成本、产量等综合生产指标的优化。绿色化是指对能源和资源的有效利用,尽可能降低能源和资源的消耗。如何平衡与优化不同参与主体之间的目标,既是制造企业生产、物流、客户等诸多方面共同面临的挑战,也是调度优化理论乃至运筹学、管理科学面临的全新科学问题。博弈论源于经济学,已经成为政治、军事、工程、信息和管理学等诸多领域的重要研究方法和分析决策工具。智能制造采购、生产、物流等各环节呈现的多主体多目标特征、竞争和合作多种关系的优化,往往需要以博弈论为工具对其建模、分析和决策。本章主要介绍智能制造下生产物流博弈背景、流程工业生产运输博弈特征、生产与运输协调调度以及生产调度博弈问题等。

1.1 智能制造生产物流博弈背景

　　习近平总书记在广西柳州考察时强调,制造业高质量发展是我国经济高质量发展的重中之重。要以智能制造为主攻方向,加快推动制造业实现质量提高、产业结构优化。智能制造贯穿于设计、生产、管理、服务等制造活动全生命周期的各个环节,实现智能制造不断提升产品质量、效益、服务水平,推动制造业创新发展、协调发展、绿色发展、开放发展、共享发展。《"十四五"智能制造发展规划》指出,复杂环境动态生产调度、生产全流程智能决策、供应链协同优化等是智能制造技术攻关行动中的关键技术。

1.1.1 智能制造下的生产物流

　　《"十四五"智能制造发展规划》提出目标:2025年制造业企业生产效率、能源资源利用率显著提升,运营成本大幅降低。当前,制造业面临着升级转型和供给侧结构性改革的关键时期,尚未摆脱高能耗、高排放的发展方式,粗放式管理模式难以为继,面临着资源与能源利用率低,能耗物耗高,流程长,生产成本高等问题。智能制造将人工智能、建模、优化控制与决策等信息技术与工业生产过程深度融合,才能大幅提高资源与能源的利用率,实现制造业的智能化与绿色化发展("新一代人工智能引领下的智能制造研究"课题组,2018)。智能制造生产物流系统是智能化全流程的关键环节,包括生产调度、物流、能源、设备维护、运输、中间库存等。在实现物质流、资金流、能量流、信息流等的集成优化过程中,生产与物流的协调运作起着承上启下的重要作用。如何围绕多目标、多工序、多环节的生产物流全流程要素,协同生产工序与物料运输,是优化全流程的产品质量、能源消耗、生产成本、生产效率等综合指标的关键,是实现智能化供应链优化生产制造、物流、仓储等相互间的匹配、协调与控制的核心。企业迫切需要推进制造过程智能化,加快智能物流管理在智能生产优化中的应用,提高资源利用效率,增强绿色精益制造能力,大幅降低能耗、物耗水平,促进制造业向价值链高端发展。

　　智能制造生产物流系统具有强耦合性、不确定性和多目标性。工序设备产能、工艺路径、物流能流平衡、订单交货期等要求各生产工序与物料转移紧密衔接,多工序连续紧凑与提高物流耦合关联度是产品质量保障与高效生产的前提。现有的生产和物流计划分属不同部门,采取先生产后运输的主从式决策模式,生产物流之间缺少科学协调,可能导致生产局部优化而能效低的计划。生产与物流的协调优化是有效提升生产工序和物流耦合关联度的重要措施。生产物流具有实时性和动态性,经常受到各种不确定因素干扰,如原材料供给、加工能力与生产环境状态、产品需求量、库存、物流、机器故障的动态变化往往导致生产计划和物流调度的失效,影响生产进程与物流循环。在制定生产物流调度决策时,必须充分考虑到各种动态扰动,在时间和空间上进行调度规划与动态决策,才能准确地反映企业的实际情况。同时,企业具有客户满意度、交货期、设备利用率、生产效率、生产物流成本、能源消耗等多个目标,这些目标间可能发生冲突,局部优化与全局优化难以协调。多目标优化增加了动态调度的复杂性,影响系统的性能。精确的静态模型不足以处理及刻画实际所面临的生产和物流动态过程的耦合关系,原有的调度理论不足以科学协调解决多目标生产物流调度问题。因此,企业智能制造流程要实现生产物流动态有序、协调连续运行和多目标整体优化,需要在建模方法、优化算法、协调机制等方面进一步深度探索。

1.1.2　生产物流中的博弈特征

　　制造业包括以机械装备制造等为代表的离散工业和以钢铁、石油以及化工等能源为代表的流程工业。智能制造下生产与物流协调优化是微观视角下产品、设备、运输、资源与能耗等多维度的协同优化与博弈决策。智能制造下的生产物流系统具有强耦合性、不确定性和多目标性,同时具备冲突、优化和均衡三个博弈的基本特征。

强耦合性—冲突:生产设备、工艺路径、物流与能流平衡、订单交货期等要求各生产工序与物料转移紧密衔接,多工序连续紧凑与物流耦合关联度是产品质量保障与高效生产的前提。同时生产、物流、能流、客户之间存在不同环境下的结构冲突,不同主体都存在个体目标间的关联与冲突。生产与物流的协调优化是有效提升生产工序和物流耦合、解决冲突的重要措施。

不确定性—优化:生产物流具有实时性和动态性,经常受到各种不确定因素干扰,如生产加工能力、环境状态、产品需求量、库存、物流条件、机器故障的动态变化往往导致生产计划和物流调度的失效,影响生产进程与物流循环。在制定生产物流调度决策时必须充分考虑到各种动态扰动带来的不确定性因素,制定优化调度方案解决冲突,进行科学生产规划与物流决策。

多目标性—均衡:智能制造系统的生产物流包含产品、生产、运输、客户、能耗等多个决策主体,不同主体具有客户满意度、交货期、设备利用率、生产效率、生产成本、物流成本、能源消耗等多个目标,这些目标间既有竞争又有合作,局部优化与全局优化难以协调。均衡生产车间、运输主体、企业与客户、产品生产与订单需求之间的多目标优化与博弈增加了调度的复杂性。

1.2 流程工业生产运输博弈特征分析

流程工业是制造业的重要组成部分,主要包括钢铁、石化、有色金属、能源、建材等,是国民经济和社会发展的重要支柱产业,在保障国家重大工程建设和促进国民经济增长等方面起着不可替代的作用(袁晴堂等,2020)。随着我国经济发展进入新常态,流程制造业有力推动了工业化和现代化进程,生产工艺、装备和自动化与信息化水平大幅提升。由于流程工业的生产物流过程具有连续性、平行性及均衡性等特征,需要保证生产与物流环节的有效衔接,保障生产的连续性与稳定性。当前,流程制造业面临着升级转型和供给侧结构性改革的关键时期,"中国制造 2025"和新一代人工智能为流程工业的发展带来新的机遇。

1.2.1 流程工业生产运输中的博弈特征

流程工业全流程是由多个生产工序将原料加工为半成品或产品的生产过程。钢铁、石油以及化工等流程工业是由多工序组成的复杂的高温物理化学过程,具有典型的多品种、多阶段、工序连续复杂、生产物流衔接紧密等特点。流程工业生产过程智能化的本质是智能感知、优化控制与决策（袁晴堂等，2020）。生产物流系统是智能化的关键环节，包括生产调度、物流、能源、设备维护、运输、中间库存等综合配置。在实现物资流、资金流、工作流、信息流等的集成优化过程中，生产与物流的协调运作起着承上启下的重要作用，是大幅降低成本的宝库。协同生产工序与物料转移，是优化全流程的产品质量、能源消耗、生产成本、生产效率等综合指标的关键，能够实现生产制造、物流、仓储等相互间的匹配、协调与控制。智能化的关键是如何围绕多目标、多工序、多环节的生产物流全流程决策要素，解决工业过程中面临的供应链、生产计划与调度、物流管理等优化决策问题。流程工业迫切需要推进制造过程智能化，加快智能物流管理在智能生产中的应用，推行生产过程和物流管理协调优化，提高资源利用效率，增强绿色精益制造能力，大幅降低能耗、物耗水平，促进钢铁、石化等产业向价值链高端发展。

生产物流分为企业内部在制品的生产运输和产品生产与企业外部成品配送的生产运输。如何基于典型工况特征，对生产与运输协调多目标调度进行机理解析，实现生产运输博弈决策，是工业实际上迫切需要且理论上亟待解决的新问题。流程工业中生产运输博弈决策主要包括组批特征的博弈决策、资源配置的博弈决策以及能源消耗的博弈决策。

（1）组批特征的博弈决策：离散工业和流程工业均存在多品种小批量的生产特征，在制品按照宽度、厚度、硬度、温度等指标形成订单的组批生产模式以降低生产成本，成品组批配送到客户以降低运输成本。合理科学地对生产运输过程进行组批、批长度、批间排序及批组长度等分批决策，是生产效率、成本、客户满意度等目标的博弈均衡。尤其是流程工业中广泛存在着不同类型的组批决策问题，例如钢铁炼钢-连铸-热轧生产过程中的并行批（组炉）与串行批（组浇次）决策、成批配送等是提高产品质量、节能降耗的关键研究问题。

（2）资源配置的博弈决策：流程工业生产设备单体大，设备启动运行费用高，工序复杂且涉及多种生产设备的衔接。设备的稳定和高效运转是保障生产连续性与产品质量的关键。流程工业现有的生产计划与调度是在设备资源完全可利用的情况下制定的，设备故障与维护是影响生产计划正常执行的主要因素。生产系统中无法避免设备出现故障，设备故障或维护不当必然造成生产的停滞状态，增加企业运行成本，影响生产效率以及产品的生产质量。生产物流调度与设备资源动态变化相互影响、相互耦合，针对资源优化配置进行科学决策，研究与生产物流管理的冲突与合作的博弈关系是亟待解决的一个新问题。

（3）能源消耗的博弈决策：流程工业生产高温连续，物流带有热链特征，能源消耗大，生产物流系统中能源成本占总加工成本的 $20\%\sim30\%$。由于高温热链生产不能停顿,订单、温度、加热制度、工况、物料运输等的动态变化可能会造成在制品的等待,为保障高温状态及产品质量,需要对在制品重新加热而产生额外的能源消耗。通常企业的生产调度和能源调度分开决策,其管理模式能效低。以能源消耗为视角,均衡边际成本能源消耗最小化为目标,设计生产、运输、能耗三个主体均衡博弈机制,是企业节能降耗、降本增效亟待解决的一个新问题。

1.2.2　钢铁企业的生产运输特征

钢铁企业属于典型的高温、高能耗的流程工业,生产与物流紧密衔接,是由多工序组成的复杂的高温物理化学过程,具有典型的多品种、多阶段、工序连续复杂,生产物流衔接紧密等特点,生产与运输流程如图 1.1 所示。它包括炼铁、炼钢、加热炉、连铸、热轧、冷轧等多道生产工序,其中的物料运输包括铁水、钢水、钢坯、板坯、热轧卷、冷轧卷等通过鱼雷车、吊机、汽车或厂内火车等工具的运输。由于从原材料入库到成品出厂的整个生产组织过程在 60 天以上,高温生产过程无法停顿,因而优化生产物流全流程是钢铁企业提高效率的着力点。这都要求在管理过程中将运输与生产放在同等地位进行处理,综合考虑生产工艺约束、产能约束、客户需求、物流约束等在生产物流系统中的耦合、动态特征,以生产效率、设备利用率、运行成本、能源消耗同时最小化为目标,进行生产计划与物流管理方案与机制的协调优化与决策,以达到提高企业综合竞争力和智能制造水平的目的,揭示生产工序及运输环节协同发展的动态规律,从而推进节能降耗,实现降本增效与绿色制造,提高企业竞争力。

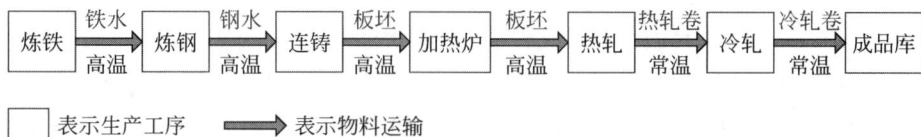

图 1.1　钢铁企业生产与运输流程

以钢铁企业连铸、热轧、冷轧阶段为例,生产与运输衔接过程示意图如图 1.2 所示。经连铸送入热轧的高温板坯温度达到 700°C 以上,钢级、规格、物理特性等影响轧制时间。连铸坯由辊道或汽车运输到下游加热炉,再进入热轧工序。在热轧阶段产生的扁平轧材如钢板、热轧钢卷等长轧材经汽车运输到下游的工序进行冷轧、退火、彩涂等工序。冷轧钢卷通过水运、铁路运、汽运三种方式运输到成品库或客户端。连铸和热轧工序属于高温热链状态,能源资源消耗大。若连铸机出现故障、维护等不可利用时间动态变化时,钢包中的高温钢水不能进行连铸处理,此时由于温度、钢级等要求,钢水必须在上游工序保温,以避免钢水温度下降。若热轧设备出现动态变化,高温板坯不能及时轧制导致温度下降,须将板坯重新送到均热炉进行再加热。因此,高温热链对温度的苛刻要求是产品质量的重要保障,设备的动态变化必然造成生产的拥堵、运输的停滞和额外的能源消耗。

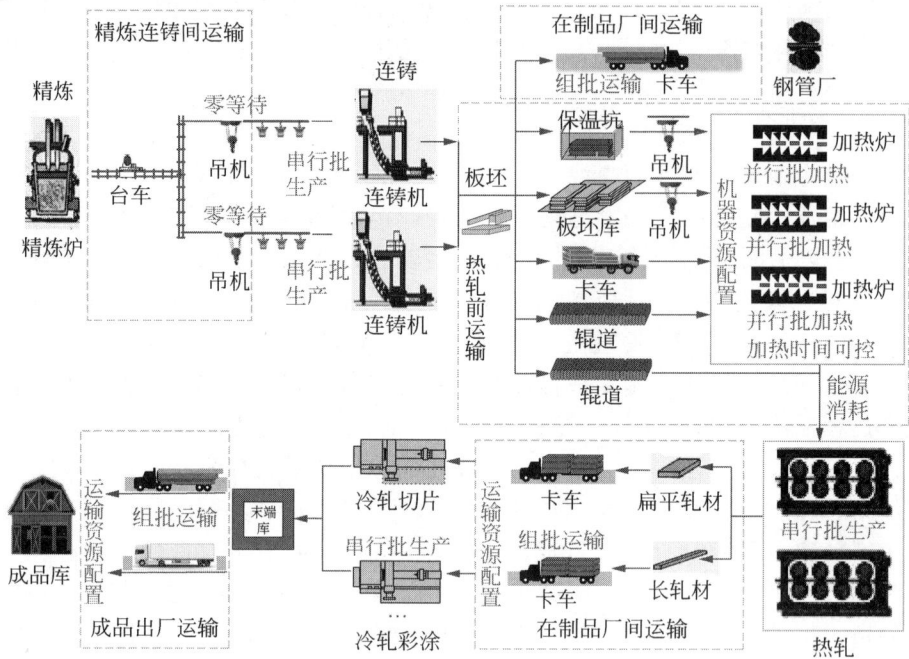

图 1.2　钢铁企业生产与运输衔接过程示意图

连铸机、热轧机、冷轧机、加热炉等设备单体大,资源能源消耗大,运输工具多工序共享,板坯按照宽度、厚度、硬度、温度等形成生产批,生产不同批间需要一定的转换费用。当工况发生变化时,在决策生产批的同时,需要调整设备的开启数量以及运输工具的数量,通过决策设备资源以达到最大化生产效率、最小化生产成本与能源消耗的目的。钢铁企业需要在动态扰动情况下进行不确定性因素分析,制订生产物流协同计划,尽可能提高顾客满意度和资源设备的利用率。因此,揭示生产工序及物流环节协同发展的动态规律,有利于推进节能降耗,实现降本增效。探讨和研究生产和物流的集成优化是企业亟待解决的关键问题。

1.3　生产与运输协调问题研究现状

　　生产与运输协调调度问题是供应链运作管理的前沿热点,来源于供应链背景的生产与运输协调问题主要针对考虑机器环境、生产运输特征和约束条件等,根据运输位置划分为两类:生产与工序间运输协调调度问题、生产与成品配送协调调度问题。

1.3.1 生产与工序间运输协调调度问题

生产与工序间运输协调调度问题的研究大多集中在流水车间和作业车间等生产环境。对于双机流水车间生产间运输调度问题,Lee 和 Strusevich (2005)考虑运输工具能力无限的情形,并设计近似算法求解;Lee 等(2006)考虑在中断环境下运输约束对调度的影响,并设计多项式算法和伪多项式算法求解;Gong 和 Tang(2011)研究运输过程中带有工件尺寸约束的协调问题,给出启发式算法。Zhong 和 Chen(2015)针对 Gong 和 Tang(2011)提出的问题进行算法改进及性能比分析,同时扩展研究并行机到单机的流水车间调度与在制品运输协调问题。Wang 等(2022)研究单机和批处理机的两阶段流水车间调度问题,考虑两台机器之间的运输时间及容量限制,以最小化最大完工时间为目标,利用启发式优化算法来求解。

对于一般流水车间生产间运输调度问题,Yuan 等(2021)考虑带有顺序相关组间设置时间及机器间往返运输时间,并提出了协同进化离散差分进化算法求解。在带有工序间运输的柔性流水车间调度问题中,Lei 等(2020)针对具有动态运输等待时间的调度问题,考虑具有有限缓冲能力及零缓冲能力两种情形。Yang 和 Xu(2021)研究分布式装配柔性流水车间生产运输协调调度问题,以交付成本和延误成本之和为目标,提出批量分配策略并证明分配策略的有效性。Li 等(2022)以最小化最大完工时间为目标,考虑各工序间通过自动导引车(AGV)运输工件,设计带有禁忌搜索的混合遗传算法求解柔性流水车间生产运输一体化调度问题。

对于作业车间生产间运输调度问题,Fan 和 Su(2022)以最小化最大完工时间为目标,提出了一种基于解扰动邻域生成机制的模拟退火算法生成近似最优解。Karimi 等(2016)研究带有运输时间的柔性作业车间生产物流协调调度问题。Liu 等(2023)研究了工序间通过 AGV 进行运输的柔性作业车间调度问题,建立了机器和 AGV 的双资源调度优化模型,设计改进遗传算法进行求解。此外,以完工时间及能源消耗为目标,Xin 等(2021)研究带有顺序相关设置时间的置换流水车间调度问题,考虑利用机器间运输机速度控制节能策略;Dai 等(2019)、Wang 等(2021)研究考虑运输时间的柔性制造系统多目标调度优化问题。

综上可知,针对工序间带有运输的多机生产调度问题,研究者大多在考虑运输工具的数量、运输能力和运输时间等条件下,以最小化最大完工时间与能源消耗等目标为优化方向,设计算法获得最优调度方案。

1.3.2 生产与成品配送协调调度问题

在生产与成品配送协调调度问题的研究中,生产环境主要集中在单机、并行机、批处理机及流水车间,配送因素主要考虑运输工具、运输能力、运输费用等。Chen(2010)、Moons 等(2017)分别对生产与成品配送协调调度问题进行了详细综述。Hall 和 Potts(2005)在两阶段供应链中研究了单机、并行机生产环境下各种订单生产与运输调度问题,目标函数为时间准则与运输费用的线性组合,考虑运输工具数量。Gong 等(2016)扩展 Hall 和 Potts 提出的并行机生产环境下的运输协调问题,模型中考虑运输费用和运输能力。Jamili 等(2016)在供应链环境下考虑带有释放时间的生产配送协调双目标调度问题,目标是平均运输时间和总运输费用。上述模型都假设运输工具的数量是充足的,每个运输工具有能力的限制。Mensendiek 等(2015)在有运输工具数量和能力限制的条件下研究并行机生产与成批配送的调度问题,提出近似算法。Jiang 等(2020)研究与运输交付过程相关的紧时间窗并行机生产与运输协调调度问题,利用列元模拟退火算法进行求解。Mohammadi 等(2020)以最小化生产运输成本和提前/拖期惩罚成本为优化目标,设计混合粒子群算法求解满足客户时间窗的并行机生产和多车运输协调调度问题。

对于批处理机生产与运输协调调度问题,Fan 等(2015)研究单台批处理机生产后运输调度问题,限制机器可用性,当工件中断可恢复时,提出了一个多项式时间算法。Li 等(2015)研究多台相同批处理机生产与配送协调调度问题,证明了当工件具有相同尺寸时问题是多项式可解的,对于工件具有不同尺寸的调度问题提出了启发式算法。Thiago 等(2020)对并行批处理机的生产配送与集成调度问题进行研究,并设计近似算法求解。

对于流水车间生产与运输协调调度问题,Aloulou 等(2014)在运输能力、车辆数量等约束条件下研究双机流水车间生产与运输协调的多目标调度问题。Yağmur 和 Kesen(2021)考虑在置换流水车间下的生产配送协调调度问题,以最小化车辆所行驶的总行程时间和延迟交付可能造成的延误时间为目标,利用混合整数线性规划和启发式方法进行求解。Qin 等(2021)研究分布式混合流水车间生产后运输调度问题,以最小化提前、延迟和交付成本之和,提出启发式算法和遗传算法进行求解。

1.3.3 流程工业中的生产物流调度问题

对于提炼符合我国流程工业生产企业实际需求的生产物流调度问题,Tang

和 Liu(2009a,2009b)从炼钢初轧工序中提炼出批处理机生产和具有工件运输考虑的协调调度问题,目标函数为最大完成时间。Tang 等(2010)研究一类单机生产前考虑原料运输的问题,分别考虑工件到达机器前的等待时间限制和运输过程中车辆运输工件个数有限的情况,目标函数为最小化时间性能准则与工件成批运输费用之和。Gong 等(2010)、Tang 等(2014)均从炼钢生产过程中提炼出具有温降考虑的批处理机生产与运输协调的多目标调度问题。Yuan 等(2020)从钢铁工业钢管生产过程中提炼出具有工件相关阻塞和运输时间的双机流水车间群调度问题,以最小化最大完工时间为目标,提出了一种协同进化遗传算法进行求解。常春光和代宾宾(2023)从装配式建筑施工过程中提炼出预制构件流水车间生产与运输分批协同调度问题,以最小化最大流程时间和惩罚成本为目标,设计多目标离散灰狼算法进行求解。

1.4　生产调度博弈问题研究现状

博弈按照博弈方之间能否达成一致、是否具有约束力的协议、能否结成联盟,可分为合作博弈及非合作博弈。在合作博弈中,参与博弈的各方可以达成有约束力的协议,从而形成联盟,在联盟内部合作并采取行动从而获取联盟的最大利益。而非合作博弈强调参与各方的个体理性,每个参与者根据已知的信息和自身的目标,采取使得自身利益最大化的行动方案。合作博弈和非合作博弈在调度问题中都被广泛应用,相关问题称为博弈调度问题。

1.4.1　生产调度问题的合作博弈

Tijs 和 Driessen(1986)最早应用合作博弈理论研究生产调度问题,设计成本分配方法。针对单机调度问题,Curiel 等(1989)在 Tijs 和 Driessen 基础上从车间环境、加工特征及约束等方面,研究带有线性成本系数的单机排序博弈问题,提出以等增益分配(equal gain splitting,EGS)规则分配成本节省,证明目标函数为加权完工时间的单机调度问题的合作博弈是凸博弈,且核心非空。Yang 等(2020)基于 Curiel 提出的排序博弈概念方法,研究带有与工件位置相关学习效应的调度问题,证明合作博弈是均衡博弈;对带有学习效应的调度问题,分析在特定情况下 LE-EGS 分配规则是一种核心分配。Hamers 等(1995)研究工件加工时间相同,且工件的准备时间为加工时间倍数的一类特殊情形下的单机博弈调度问题,证明合作博弈是凸博弈。Li 和 Yang(2016)研究带有工件恶化的单机博弈调度问题,证明合作博弈是凸博弈,增益分配(gain splitting,GS)规则得到的成本节省分配是一个核心分配。Borm 等(2002)研究带有工件交货期的单机博弈调度问题,分别以加权惩罚、加权延迟和完工时间为目标函数,证明合作博弈是凸博弈。Yang 等(2019)研究工件具有外部性的单机博弈调度问题,证明基于 EGS 规则的成本分配是核心分配。Zhou 和 Gu(2012)研究工件具有紧急度指数的单机博弈调度问题,证明合作博弈是均衡博弈且核心非空,采用比例收益分配方法能够得到一个核心分配。Ji 等(2017)研究了具有松弛交货时间窗的单机调度博弈。

针对并行机生产车间调度问题,Calleja 等(2002)研究博弈方的成本是完工时间线性函数的并行机博弈调度问题,证明该博弈是均衡博弈。Zhou 和 Zhang(2015)研究带有与工件位置相关学习效应的并行机博弈调度问题,以总加权完工时间最小为目标,证明当每台机器加工工件数量相同、工件加工时间相等时,合作博弈是均衡博弈。Liu 和 Liu(2015)研究无初始调度顺序的并行机调度问题的合作博弈,并给出了相应的成本分配方法。Slikker(2005)对并行机调度问题建立了合作博弈模型,证明此类博弈在一定条件下具有非空核心,并提出了相应的成本分配方法。

针对流水车间调度问题,周艳平和顾幸生(2010)研究工件加工时间受工序影响的流水车间博弈调度问题,提出加权边际成本分配方法,证明采用该分配方法可以得到一个核心分配。Estévez-Fernández 等(2008)研究工件成本与完工时间呈线性关系、工件具有紧急度指数的比例流水车间博弈调度问题,证明合作博弈是均衡博弈具有非空核心,而当工件在初始排序中按照紧急度指数非增序排列时,合作博弈是凸博弈。孙文娟等(2022)研究比例流水车间调度问题,证明合作博弈是均衡博弈,提出基于提前及拖期惩罚的 β 规则成本分配方法,证明了该分配方法能够得到核心分配。Ciftci 等(2013)研究单台批处理机和仅由批处理机组成的流水车间的调度问题,证明合作博弈是凸博弈,基于Shapley 值、EGS 规则分配成本节省。Atay 等(2021)研究开放车间调度问题的合作博弈,给出了单位开放车间在不同联盟可行调度方式下的核心分配,并分析了一般开放车间合作博弈性质。

综上可知,对于单机调度问题,利用合作博弈理论研究的成果比较丰富,主要是在基本排序博弈模型(Curiel et al,1989)的基础上,从工件加工形式(工件分批、分组加工)、加工时间特征(具有加工准备时间、学习效应、恶化效应等)、交货期约束等角度进行了研究。对于复杂机器环境下的情况,相关的研究较少,现有的研究成果也都是针对并行机及特定条件下的流水机调度问题。

1.4.2　生产调度问题的非合作博弈

针对单机调度问题,Wang 和 Xi(2005)、Zhou 和 Hu(2016)分别对带有交货期及成本约束的单机调度进行了研究,以工件为博弈方,讨论了纳什均衡解的存在性及其与传统调度解的关系。

针对并行机调度问题,Christodoulou 等(2004)最早提出了协调机制的概念,研究了最小化最大完工时间的并行机问题对应的非合作博弈。Awerbuch 等(2006)和 Gairing 等(2010)研究了限制并行机对应的博弈调度问题,对最大完工时间协调机制的无秩序代价进行了分析。Li 等(2014)及 Chen 等(2017)针对带有恶化效应的并行机调度问题进行了研究,设计了求解博弈均衡解的近似算法。Lee 等(2012)则研究了并行机环境下的博弈调度问题,分别以最小化总拥塞时间、总完工时间、最大拖期时间、总拖期时间及拖期工件数为全局目标提出了相应的协调机制。Zhang(2018)研究机器具有维护时间窗的并行机调度问题,将工件作为博弈方,以最小化工件最大完工时间为目标,设计 LPT-NF 协调机制,分析维护时间间隔变化对纳什均衡解的影响。

在批处理机调度问题中,Nong 等(2016,2017)研究了多台批处理机调度问题,分别分析了机器策略在满批最小加工时间优先及满批最大加工时间优先的协调规则下,纳什均衡的存在性及有效性。Fan 和 Nong(2018)针对多台相同并行批处理机博弈调度问题提出贪婪算法,分析无秩序代价 POA 的上下界,判断纳什均衡解的存在性。

在流水车间等其他多机调度问题中,Belabid 等(2022)研究置换流水车间调度问题,以工件最大完工时间最小为目标,设计基于纳什均衡概念和遗传算法的混合贪婪求解算法。Zhou 和 Gu(2009)、Safari 等(2018)分别针对无等待流水车间及柔性流水车间调度问题建立了完全信息静态及动态博弈模型,并设计相应算法求得博弈均衡解。宫华等(2023)基于非合作博弈理论研究带有工件尺寸约束的双机流水车间生产与运输博弈调度问题,建立非合作博弈模型,利用 Q 学习(Q-learning)算法求解纳什均衡。Li 等(2012)、Wang 和 Zhou(2013)、Sun 等(2014)利用非合作博弈理论分别研究了经典作业车间调度、动态作业车间调度及柔性作业车间调度,将工件或机器作为博弈方,针对不同的调度目标(如客户加工成本最小,生产企业获利最大,能源消耗最少等),通过选择相应策略,使得自己利益最大化。Zhang 等(2017)、裴小兵和李依臻(2020)基于动态博弈研究多目标柔性作业车间调度问题,并设计算法求解子博弈完美纳什均衡。

综上可知,针对生产调度问题,利用非合作博弈理论的研究成果较为丰富,尤其是多机复杂车间生产调度问题。在复杂车间环境下,博弈方针对机器资源或加工顺序的选择更多,竞争更大,而博弈方不同的策略组合对各自收益的影响更明显,因此,利用非合作博弈理论研究该类调度问题有重要的实际意义。

在非合作博弈模型中,博弈方一般为客户的加工工件或是生产企业的加工机器,可能选择的策略包括工件开始加工时间、工件等待加工时间、加工机器等。对于多目标调度问题,为了使各优化目标之间实现策略的最优组合,通常将各目标看成博弈方,建立非合作博弈模型,通过寻求博弈均衡解,得到使各目标达到均衡优化的调度解。

第 2 章　博弈基本理论

博弈(game)是指一些个体或者组织,面对一定的环境条件,在一定的规则约束下,同时或先后,一次或多次,依靠所掌握的信息,从各自允许选择的行为或策略中进行选择并加以实施,并取得相应结果的过程。博弈论(Game Theory)也称对策论,就是研究利益相关(利益冲突)的决策者之间具有策略互动和利益依存特征的决策行为的理论。现代博弈论将博弈分为合作博弈和非合作博弈。合作博弈强调的是集体理性、效率、公平,主要研究决策者之间具有约束力的协议,能够形成联盟或组织时如何分配合作得到的收益。非合作博弈强调个体理性、个体最优决策,主要研究决策者在具有策略依存性的环境下,如何做出合理的决策以使得自己的收益最大。本章主要介绍合作博弈和非合作博弈的基本理论,包括博弈的基本概念、合作博弈的解以及非合作博弈的纳什均衡。

2.1　博弈的基本概念

为更好地认识博弈论的基本范畴,本节从博弈方、策略、收益、博弈次序、博弈信息结构、博弈表述形式等方面,介绍博弈问题的特征和类型。

2.1.1　博弈基本要素

1. 博弈方

博弈问题最基本的要素就是博弈的参与者,也称为博弈方或局中人(player)。它是在博弈中独立决策、独立承担结果的个体或组织。根据博弈方数量的不同,博弈可分为单人博弈、两人博弈及多人博弈。

单人博弈是只有一个博弈方的博弈,其实质是个体的优化问题。两人博弈研究各自独立决策且策略和利益具有依存性的两个博弈方的决策问题,是博弈问题中最常见的博弈类型。有三个或三个以上博弈方参加的博弈称为多人博弈。两人博弈和多人博弈的博弈方之间并不一定是完全相互对抗的,有时也有利益方向一致的情形。但个体追求利益最大化的行为常常不能带来整体利益最大化,而且也往往不能真正实现自身利益最大化。

2. 策略

博弈中各博弈方可以选择的行为或完整的行动方案称为策略(strategy)。同一博弈中,博弈方可选择的策略数量及内容都可以不同。一般地,若博弈方的个数是有限的且各博弈方的策略个数都是有限的,则称该类博弈为有限博弈(finite games);若至少有一个博弈方的策略个数是无限的,则称之为无限博弈(infinite games)。

当每个博弈方从自己的可选策略集中选择一个特定策略后,就构成了一个竞争局势或策略组合(strategy profile)。

3. 收益

博弈方从博弈中获得的利益称为收益(gain)或支付(payoff)。每个博弈方在博弈结束时的收益不仅与该博弈方自身所选择的策略有关,而且与其他博弈方所选策略相关。因此,博弈方的收益是所有博弈方所选策略构成的策略组合的函数,通常称为收益函数。收益是博弈方决策行为的主要依据。根据总收益的数值,将博弈分为零和博弈(zero-sum games,各策略组合下,总收益始终为零)、常和博弈(constant-sum games,各策略组合下,总收益始终为一非零常数)、变和博弈(variable-sum games,不同策略组合下,总收益并不相同)。变和博弈是更为常见的博弈类型,意味着可以通过协调博弈方决策行为得到较大的个人收益和总收益。

4. 博弈次序

博弈过程中博弈方选择决策行为的次序(orders)是博弈结构的重要内容。若博弈中博弈方同时或可看作同时选择策略,则称该类博弈为静态博弈(static games)。若各博弈方的选择和行动不仅有先后次序,而且后选择的博弈方在选择行为之前可以观察到先决策的博弈方的选择行为,则称这类博弈为动态博弈(dynamic games)。博弈次序的差异对博弈结果和分析方法有着很大的影响。

5. 博弈信息结构

在博弈中,博弈方是否了解收益的相关信息会直接影响各博弈方的决策和行为,从而也会影响博弈的分析方法。若各博弈方完全了解其他博弈方的策略集及在各策略组合下的收益,包含其初始状态的情况,则称该类博弈为完全信息博弈(complete information games),否则称为不完全信息博弈(incomplete information games)。

6. 博弈方式

博弈方在进行决策时,可能是个体独立行动,也可能是团体或联盟采用某种协作行为,具有不同的博弈方式。根据博弈方式的不同,博弈主要分为合作博弈和非合作博弈。合作博弈的"合作"要求博弈方相互合作才能完成博弈,并不是指研究合作问题。非合作博弈中的"非合作"指的是博弈方独自决策就可以完成博弈。不同的博弈方式,意味着两类博弈在博弈模型和分析方法上都有很大的差异。

2.1.2　博弈的表述形式

针对不同的博弈类型,博弈模型一般有三种基本表述形式:标准型表述、扩展型表述和特征函数型表述。前两种表述形式主要用于非合作博弈,最后一种主要用于合作博弈。

1. 标准型表述

在博弈模型的标准型表述形式中,包含博弈的三个基本要素:博弈方、策略及收益。标准型表述主要用来表示静态博弈。

设博弈方集合 $N=\{1,2,\cdots,n\}$,博弈方 $i(i\in N)$ 的策略集(可选策略的集合)为 S_i,获得的收益为 u_i。令 $S=\{S_1,S_2,\cdots,S_n\}$,$U=\{u_1,u_2,\cdots,u_n\}$,则一个 n 人参与的非合作博弈可以用标准型表述为 $G=\{N,S,U\}$。

2. 扩展型表述

博弈模型的扩展型表述是在标准型表述的基础上,不仅描述博弈方、策略、收益三个基本要素,还扩展描述了博弈方的行动顺序、对自然选择概率等其他信息。扩展型表述一般用来表述动态博弈,常用博弈树表示,包含的基本要素如下:

(1)博弈方集合: $N=\{1,2,\cdots,n\}$。若博弈中出现随机事件,则一般将博弈中负责随机事件的出现机制称为自然,也称为博弈方 0。

(2)博弈次序:描述各博弈方在什么时候行动,决定了整个博弈过程中所有可能的行动组合和结果。

(3)博弈的信息集:描述博弈方在每次行动时所了解的信息。

(4)行动集:博弈方在每次行动时,可以选择行为的集合。

博弈方在每个轮到行动的阶段,针对前面阶段的各种情况作相应行为选择的完整计划称为动态博弈中博弈方的一个策略。

（5）收益：在行动（完整计划）结束时，博弈方获得的利益。

（6）"自然"选择的概率分布：提供对博弈方0的描述。

3. 特征函数型表述

若引入有约束力的协议，博弈方可以通过合作结成联盟，在联盟内协调成员策略选择，并获得最大收益。那么，在标准型表述的基础上，省略掉策略集后，就可简化为特征函数型表述形式。特征函数型表述主要用来表述联盟博弈或合作博弈。

给定博弈方集合 $N = \{1, 2, \cdots, n\}$，$v(S)$ 为定义在 N 的每个非空子集（联盟）S 上的一个实值函数，则合作博弈可表述为 (N, v)，其中 $v(S)$ 为联盟 S 通过协调其成员的策略选择所能得到的最大收益。

2.2 合作博弈的解

合作博弈中，博弈方最关键的选择是与谁结盟，结盟后联盟内部采取什么样的利益分配方案，而这种分配方案自然也成为影响联盟能否形成的条件。因此，合作博弈的基本形式是联盟博弈。von Neumann 和 Morgenstern（1944）提出了具有特征函数的合作博弈，或具有转移效用（transferable utility）的合作博弈（TU-games）。在这类博弈中，隐含的假设是存在一个在博弈方之间可以自由流动的交换媒介（如货币），每个博弈方的效用都与它是线性相关的。

本节主要介绍联盟的概念及与联盟关联的特征函数，通过特征函数的性质给出不同特征的合作博弈，以及合作博弈的几种常用解。

定义 2.1 在 n 人博弈中，用 $N = \{1, 2, \cdots, n\}$ 表示博弈方集合，N 的任意子集 $S \subset N$ 称为一个**联盟**（coalition）。

集合 N 称为大联盟（grand coalition），集合 $\varnothing$ 称为空联盟（empty coalition），单点集 $\{i\}$（$i \in N$）也是一个联盟。在下面的定义中，若不作特别说明，$N = \{1, 2, \cdots, n\}$。

定义 2.2 给定一个 n 人博弈，$S \subseteq N$ 是一个联盟，实值函数 $v(S)$ 是指 S 和 $N \backslash S$ 的博弈中 S 的最大效用（获得的收益或节省的成本），$v(S)$ 称为联盟 S 的**特征函数**（characteristic function）。

规定 $v(\varnothing) = 0$，$v(\{i\})$ 表示博弈方 i 与其他人博弈（即单干）时的最大效用值。

定义 2.3 **具有特征函数的合作博弈**是一个有序对 (N, v)，其中 N 为博弈方集合，$v:2^N \to \mathbb{R}$ 是满足 $v(\varnothing)=0$ 的特征函数，其中 2^N 为 N 的所有子集组成的集合。

定义 2.4　设 N 为博弈方集合，若对于任意联盟 $T \in 2^N \setminus \{\varnothing\}$，满足

$$u_T(S) = \begin{cases} 1, & T \subset S \\ 0, & \text{其他} \end{cases} \tag{2.1}$$

则称 u_T 为**无异议博弈**（unanimity game）。

若将博弈方集为 N 的合作博弈的特征函数集合记为 G^N，容易验证对每个 $v \in G^N$，有

$$v = \sum_{T \in 2^N \setminus \{\varnothing\}} \lambda_T u_T, \text{其中} \lambda_T = \sum_{S:S \subset T} (-1)^{|T|-|S|} v(S) \tag{2.2}$$

定义 2.5　如果对所有满足 $S \subset T$ 的 $S, T \in 2^N$，有

$$v(S) \leqslant v(T) \tag{2.3}$$

称合作博弈 (N,v) 为**单调的**。

定义 2.6　如果对所有满足 $S \bigcap T = \varnothing$ 的 $S, T \in 2^N$，有

$$v(S \bigcup T) \geqslant v(S) + v(T) \tag{2.4}$$

称合作博弈 (N,v) 为**超可加的**。

显然，超可加博弈一定是单调的，但反之不然。合作博弈满足的超可加性在经济学上也叫"协同效应"，特征函数只有满足超可加性，才有形成新联盟的必要；否则，成员没有动机形成联盟，已经形成的联盟也会面临解散的威胁。

在一个超可加博弈 (N,v) 中，如果 $S_1, S_2, \cdots, S_m$ 是 m 个两两不相交的联盟，且 $N = \bigcup_{i=1}^{m} S_i$，则称 $(S_1, S_2, \cdots, S_m)$ 为 N 的一个分割，有

$$v(N) = v\Big(\bigcup_{i=1}^{m} S_i\Big) \geqslant v(S_1) + v\Big(\bigcup_{i=1}^{m-1} S_i\Big)$$

$$\geqslant v(S_1) + v(S_2) + v\Big(\bigcup_{i=1}^{m-2} S_i\Big) \geqslant \cdots \geqslant \sum_{i=1}^{m} v(S_i)$$

从而，自然也满足 $v(N) \geqslant \sum_{i=1}^{n} v(\{i\})$。

情形 1：若特征函数 v 满足 $v(N) = \sum_{i=1}^{n} v(\{i\})$，即大联盟的效用是每个博弈方的效用之和，说明通过联盟没有创造新的合作剩余，联盟没有价值，因此这种联盟不可能稳定。情形 2：若特征函数 v 满足 $v(N) > \sum_{i=1}^{n} v(\{i\})$，即大联盟的效用大于每个博弈方的效用之和，说明通过联盟能够创造合作剩余，一般将

这种合作剩余作为联盟的价值,此时联盟才有意义。这种联盟是否稳定取决于如何分配合作剩余,使每个博弈方的收益都有增加。

定义 2.7　对于 $\forall i \in N$ 及任意联盟 $S \subset T \subseteq N \setminus \{i\}$,若满足

$$v(S \bigcup \{i\}) - v(S) \leqslant v(T \bigcup \{i\}) - v(T) \tag{2.5}$$

则称合作博弈 (N, v) 为**凸博弈**。

式(2.5)表示,在凸博弈中,随着联盟规模的增大,博弈方加入联盟的边际贡献增加,从而大联盟的形成能创造更多的合作剩余,对每个博弈方都有利。

凸博弈 (N, v) 也可定义为:对所有 $S, T \in 2^N$,有

$$v(S \bigcup T) + v(S \bigcap T) \geqslant v(S) + v(T) \tag{2.6}$$

定义 2.8　若映射 $\lambda : S \in 2^N \setminus \{\varnothing\} \rightarrow \mathbb{R}^+$ 满足 $\sum\limits_{S \in 2^N \setminus \{\varnothing\}} \lambda(S) e^S = e^N$,其中 e^S 表示 S 的特征向量(当 $i \in S$ 时,$(e^S)_i = 1$;当 $i \in N \setminus S$ 时,$(e^S)_i = 0$),则称映射 λ 为**均衡映射**。

定义 2.9　如果对任意的均衡映射 $\lambda : S \in 2^N \setminus \{\varnothing\} \rightarrow \mathbb{R}^+$,都有

$$\sum_{S \in 2^N \setminus \{\varnothing\}} \lambda(S) v(S) \leqslant v(N) \tag{2.7}$$

则称博弈 (N, v) 是均衡的,也称 (N, v) 为**均衡博弈**(balanced game)。

对于具有特征函数的合作博弈 (N, v),当大联盟 N 能够创造合作剩余(增加的收益或节省的成本)时,博弈研究的主要问题是如何在联盟成员之间分配这些合作剩余。合作博弈的合作剩余分配即为博弈的"解",不同的解代表着不同的分配观点。由于每个博弈方都要有一个分配,因此,n 人合作博弈的解为一个 n 维向量。

定义 2.10　对于合作博弈 (N, v),若对每个博弈方 $i(i \in N)$,给予一个实值参数 x_i,形成 n 维向量 $\boldsymbol{x} = (x_1, x_2, \cdots, x_n)$,且满足:

(1) $x_i \geqslant v(\{i\})$,$\forall i \in N$;

(2) $\sum\limits_{i=1}^{n} x_i = v(N)$,

则称 $\boldsymbol{x}$ 为合作博弈 (N, v) 的一个(**有效**)分配或**转归**(imputation)。

在有效分配的定义中,条件 $x_i \geqslant v(\{i\})$ 是基于个体理性的,对于每个博弈方来说,合作得到的收益不能小于非合作得到的收益,这是博弈方参与合作的基本条件。条件 $\sum\limits_{i=1}^{n} x_i = v(N)$ 是基于集体有效性的,所有博弈方的分配之和等于大联盟带来的合作剩余 $v(N)$ 时才有可能被接受。

合作博弈的有效分配显然不止一个,但实际上有很多分配是不会被执行的,或者不可能被博弈方接受的。在分配时还需要考虑所有博弈方形成不同联盟时可能创造的潜在收益。

例 2.1　设有一个三人博弈 (N,v)，其中 $N=\{1,2,3\}$，特征函数 v 满足：

$$v(\varnothing)=0, v(\{i\})=0 (i \in N), v(\{1,2\})=2, v(\{1,3\})=4,$$
$$v(\{2,3\})=4, v(N)=10$$

显然，该博弈为单调博弈，且为超可加博弈，大联盟能够获得最大的合作剩余。在这个博弈中，存在无数个有效分配，如 $\boldsymbol{x}^1=(1,9,0)$，$\boldsymbol{x}^2=(2,7,1)$ 等。但这两个分配都不稳定，因为博弈方 1 和博弈方 3 不会接受，当他们脱离大联盟，并组成新的联盟 $S=\{1,3\}$ 时，能够获得更多的合作剩余 $v(\{1,3\})=4>x_1+x_3=1$ 或 $v(\{1,3\})=4>x_1+x_3=3$。

下面分别介绍合作博弈常用的两个集值解核心和稳定集，以及两个单点解 Shapley 值和 τ 值。

1. 核心

核心是合作博弈理论中最早出现的解概念，由 Gillies(1953)于 20 世纪 50 年代提出，在博弈论中有着非常重要的地位。

定义 2.11　对于合作博弈 (N,v)，所有满足集体有效性和联盟理性的分配向量 $\boldsymbol{x} \in \mathbb{R}^n$ 的集合 $C(v)$ 称为合作博弈的**核心**(core)，其中

$$C(v)=\left\{\boldsymbol{x} \in \mathbb{R}^n \mid \sum_{i \in N} x_i=v(N), \sum_{i \in S} x_i \geqslant v(S), \forall S \subseteq N\right\} \quad (2.8)$$

在核心的定义中，显然联盟理性条件 $\sum_{i \in S} x_i \geqslant v(S)$ 包含了个体理性条件。因此核心中的分配均为有效分配。若 $\boldsymbol{x} \in C(v)$，则称 $\boldsymbol{x}$ 为一个核心分配(core allocation)。对于每一个 $\boldsymbol{x} \in C(v)$，在该分配下，没有博弈方会偏离大联盟。因为任何偏离大联盟的博弈方若形成小联盟 S，则获得的最大收益 $v(S)$ 总是不大于形成大联盟时分配给 S 的总量 $\sum_{i \in S} x_i$。

用核心作为博弈的解，能够保证大联盟的稳定性，但其最大缺陷是核心可能为空集，也可能不唯一，如例 2.2 所示。

例 2.2　设有一个三人博弈 (N,v)，其中 $N=\{1,2,3\}$，特征函数 v 满足：

(1)若三人合作形成大联盟 N，能创造最大收益 $v(N)=30$；

(2)若只有两个人合作，形成联盟 S，剩下一个人单干，则合作的两人也能获得收益 $v(S)=m$，$m \in [10,20]$；

(3)单干的人只能获得 5 个单位的收益，即 $v(\{i\})=5, i=1,2,3$。

在上述博弈中，核心中的分配 $\boldsymbol{x}=(x_1,x_2,x_3)$ 要满足集体有效性，即 $v(N)=x_1+x_2+x_3=30$。同时，还需要满足联盟理性，即对于任意小联盟 S，当 $|S|=2$ 时，$\sum_{i \in S} x_i \geqslant m$；当 $|S|=1$ 时，$x_i \geqslant v(\{i\})=5$。

显然，当 $m < 20$ 时，分配 $\boldsymbol{x} = (5 + m_1, 5 + m_2, 5 + m_3)$ 均在核心中，其中 $0 \leqslant m_i \leqslant 25 - m (i = 1, 2, 3)$，$\sum_{i=1}^{3} m_i = 15$，此时 $C(v)$ 中有无穷多个分配；当 $m = 20$ 时，$m_i = 5$，$i = 1, 2, 3$，此时 $C(v)$ 只包含一个分配 $(10, 10, 10)$；当 $m > 20$ 时，$C(v)$ 是空集，此时没有属于核心的合作分配方案。

定理 2.1　对于 n 人合作博弈 (N, v)，核心 $C(v)$ 非空的充要条件是线性规划 (P) 有解。

$$(P) \quad \min \sum_{i \in N} x_i$$

$$\text{s. t.} \begin{cases} \sum_{i \in S} x_i \geqslant v(S), \forall S \subset N \\ \sum_{i \in N} x_i = v(N) \end{cases}$$

由核心的定义很容易得到定理 2.1。此外，由文献 Boudareva(1963) 及文献 Shapley(1967) 可得定理 2.2。

定理 2.2　对于 n 人合作博弈 (N, v)，核心 $C(v)$ 非空的充要条件是该博弈是均衡的。

定义 2.12　对于合作博弈 (N, v) 的分配 $\boldsymbol{x}, \boldsymbol{y}$ 以及联盟 $S \subset N$，若 $\forall i \in S$，$x_i > y_i$，且 $\sum_{i \in S} x_i \leqslant v(S)$，则称 $\boldsymbol{x}$ 关于 S **优超** $\boldsymbol{y}$，记作 $\boldsymbol{x} \underset{S}{\succ} \boldsymbol{y}$。

定义 2.13　对于合作博弈 (N, v) 的分配 $\boldsymbol{x}, \boldsymbol{y}$，如果存在联盟 $S \subset N$，使得 $\boldsymbol{x} \underset{S}{\succ} \boldsymbol{y}$，则称 $\boldsymbol{x}$ **优超** $\boldsymbol{y}$，记作 $\boldsymbol{x} \succ \boldsymbol{y}$。

由优超的定义可知，合作博弈核心中的分配不被任何分配优超。

2. 稳定集

稳定集和核心一样，属于博弈的集值解，由 von Neumann 和 Morgenstern (1944) 提出，可以通过优超来定义。

定义 2.14　对于合作博弈 (N, v)，若分配集 W 满足：

(1) **内部稳定性**(internal stability)：不存在 $\boldsymbol{x}, \boldsymbol{y} \in W$，使得 $\boldsymbol{x} \succ \boldsymbol{y}$；

(2) **外部稳定性**(external stability)：$\forall \boldsymbol{x} \notin W$，$\exists \boldsymbol{y} \in W$，使得 $\boldsymbol{y} \succ \boldsymbol{x}$，则称分配集 W 为合作博弈的一个**稳定集**(stable set)。

稳定集也是合作博弈重要的解概念之一，与核心之间显然是有联系的，核心一般包含于稳定集中。同核心一样，稳定集常常也是空集，非空时又可能不唯一。

3. Shapley 值

Shapley 值是 Shapley(1953)基于公理化思想提出的一种合作博弈的单点解,它从另一个角度分析合作博弈的解概念。

定义 2.15　对于 n 人合作博弈 (N,v),Shapley 值是博弈方参与合作博弈边际贡献的平均值,记作 $\boldsymbol{\Phi}(v)=(\Phi_1(v),\Phi_2(v),\cdots,\Phi_n(v))$,其中,$\forall i \in N$,

$$\Phi_i(v) = \sum_{S \subset N \setminus \{i\}} \frac{|S|!\ (n-|S|-1)!}{n!}(v(S \cup \{i\})-v(S)) \quad (2.9)$$

在博弈 (N,v) 中,每个博弈方所得的分配应该与其贡献成正比。对于联盟 S,博弈方 i 加入 S 所带来的边际贡献即为 $v(S \cup \{i\})-v(S)$。而 i 参与 S 的概率等于 $\dfrac{|S|!\ (n-|S|-1)!}{n!}$,可理解为 n 个博弈方依次参加博弈,当 i 加入该博弈时,其前面已有一些博弈方构成集合 S,人数为 $|S|$;i 加入后,后加入的博弈方集合为 $N \setminus \{S \cup \{i\}\}$,其人数为 $n-|S|-1$。由于集合 S 和集合 $N \setminus \{S \cup \{i\}\}$ 中博弈方的顺序与 $v(S \cup \{i\})-v(S)$ 无关,所以 i 参与 S 的概率即为 $\dfrac{|S|!\ (n-|S|-1)!}{n!}$。因此 Shapley 值就是 $v(S \cup \{i\})-v(S)$ 的平均值(或数学期望)。Shapley 值满足整体有效性、对称性、线性性和哑元性。

(1) **整体有效性**(efficiency):对任意博弈 (N,v),都有 $\sum\limits_{i \in N}\Phi_i(v)=v(N)$。

(2) **对称性**(symmetry):若 i 和 j 是两个平等的博弈方,即 $\forall S \subset N \setminus \{i,j\}$,$v(S \cup \{i\})=v(S \cup \{j\})$,则 $\Phi_i(v)=\Phi_j(v)$。

(3) **线性性**(linearity):如果在 N 上有两个特征函数 v 和 w,对于 $\forall i \in N$,则 $\Phi_i(v+w)=\Phi_i(v)+\Phi_i(w)$,$\Phi_i(av)=a\Phi_i(v)$。

(4) **哑元性**(dummy player):如果 i 是**哑元**,即 $\forall S \subset N \setminus \{i\}$,有 $v(S \cup \{i\})=v(S)+v(\{i\})$,则 $\Phi_i(v)=v(\{i\})$。

整体有效性说明所有博弈方的 Shapley 值之和为大联盟的合作剩余;对称性说明 Shapley 值对应的分配与博弈方的排列次序无关;线性性说明两个独立的博弈结合时,Shapley 值分配与其单独的分配值相对应;哑元性说明如果一个博弈方对他参与的任何联盟都没有贡献,那么他不应当从全体合作中获利。

对于合作博弈 (N,v),当特征函数表示成无异议博弈的线性组合时,Shapley 值也可以通过相应的无异议博弈进行计算,如定理 2.3 所示(Branzei et al.,2011)。

定理 2.3 对于合作博弈 (N,v)，若 $v = \sum_{T \in 2^N \setminus \{\varnothing\}} \lambda_T u_T$，其中 u_T 为满足式 (2.1) 的无异议博弈，则对所有的 $i \in N$，

$$\Phi_i(v) = \sum_{T \subseteq N; i \in T} \frac{\lambda_T}{|T|} \qquad (2.10)$$

Shapley 值不一定是一个有效分配，可能不满足个体理性，即 $\Phi_i(v) \geqslant v(\{i\})$。但若合作博弈是超可加的，则有定理 2.4。

定理 2.4 若合作博弈 (N,v) 是超可加的，则 Shapley 值 $\boldsymbol{\Phi}(v) = (\Phi_1(v), \Phi_2(v), \cdots, \Phi_n(v))$ 是一个有效分配。

证明：由于 (N,v) 满足超可加性，即 $\forall S \subset N \setminus \{i\}, v(S \cup \{i\}) - v(S) \geqslant v(\{i\})$，从而

$$\Phi_i(v) = \sum_{S \subset N \setminus \{i\}} \frac{|S|! \, (n - |S| - 1)!}{n!} (v(S \cup \{i\}) - v(S))$$

$$\geqslant v(\{i\}) \sum_{S \subset N \setminus \{i\}} \frac{|S|! \, (n - |S| - 1)!}{n!} = v(\{i\})$$

又由于 Shapley 值满足整体有效性，因此为一个有效分配。 $\square$

对一般的合作博弈，Shapley 值不一定在核心中。也就是说，可能存在某个联盟，有动机拒绝接受按 Shapley 值给定的分配额。但若合作博弈为凸博弈，Shapley 值给定的分配为核心分配，则能够保证联盟的稳定性。定理 2.5 的证明可以参考孙大为等 (1998) 的文献。

定理 2.5 若 n 人合作博弈 (N,v) 是凸博弈，则 $\Phi(v) \in C(v)$。

Shapley 值作为一种分配原则，其结果易于被各个博弈方视为公平的结果而接受，在合作博弈的解概念中有着重要的地位。与核心及稳定集不同，对于每一个博弈 (N,v) 都存在唯一的 Shapley 值，因此它在实际中应用较为普遍。但是 Shapley 值的计算量较大，在某些场合应用时也有一定的局限。

4. τ 值

τ 值由 Tijs 在 1981 年提出，是基于 n 人合作博弈 (N,v) 的上向量 $\boldsymbol{M}(v) = (M_1(v), M_2(v), \cdots, M_n(v))$ 和下向量 $\boldsymbol{m}(v) = (m_1(v), m_2(v), \cdots, m_n(v))$ 定义的。其中，$M_i(v) = v(N) - v(N \setminus \{i\})$ 为博弈方 i 对大联盟的边际贡献，也称为在大联盟中博弈方 i 的理想收益；$m_i(v) = \max_{S: i \in S} \left\{ v(S) - \sum_{j \in S \setminus \{i\}} M_j(v) \right\}$ 为博弈方 i 同意接受的最小收益。

定义 τ 值如下：

$$\tau_i(v) = \alpha M_i(v) + (1 - \alpha) m_i(v), \quad i \in N \qquad (2.11)$$

其中 $\alpha \in [0,1]$，由 $\sum_{i \in N} \tau_i(v) = v(N)$ 唯一确定。

2.3　非合作博弈的纳什均衡

纳什均衡(Nash equilibrium),又称非合作博弈均衡,是非合作博弈理论中最重要的一个解概念,在非合作博弈分析中具有十分关键的地位和作用。纳什均衡是在博弈方理性的假设下,对于每个博弈方来说,只要其他博弈方不改变策略,他就无法通过改变策略增加自己的收益所达到的一种博弈状态。也就是说,纳什均衡是这样的一个由所有参与方选择的策略一起构成的策略组合,其中每个博弈方的策略都是针对其他博弈方策略的最优对策。

设 $G=\{N,S,U\}$ 是一个 n 人非合作博弈,其中博弈方集 $N=\{1,2,\cdots,n\}$;策略空间集合 $S=\{S_1,S_2,\cdots,S_n\}$, $S_i(i\in N)$ 为博弈方 i 的所有可选策略集合, $s_{ij}\in S_i$ 为博弈方 i 的第 j 个策略;收益集 $U=\{u_1,u_2,\cdots,u_n\}$, $u_i(i\in N)$ 为博弈方 i 的收益。

定义 2.16　设 $G=\{N,S,U\}$ 是一个 n 人非合作博弈,若策略组合 $s^*=(s_1^*,s_2^*,\cdots,s_n^*)$ 中,任一博弈方 i 的策略 $s_i^*\in S_i$ 是对其余博弈方策略组合 $s_{-i}^*=(s_1^*,\cdots,s_{i-1}^*,s_{i+1}^*,\cdots,s_n^*)$ 的最优对策,即 $\forall s_{ij}\in S_i$, $u_i(s^*)\geqslant u_i(s_{ij},s_{-i}^*)$ 都成立,则称 s^* 为 G 的一个**纳什均衡**。

一个博弈 $G=\{N,S,U\}$ 若存在多个纳什均衡,则为多重纳什均衡的博弈问题。在多重纳什均衡博弈中,若纳什均衡之间有明显的优劣差异,那么各个博弈方必会选择能给所有博弈方带来较大利益的纳什均衡,并且也会预测到其他博弈方亦会选择该纳什均衡。这种方法选择的纳什均衡称为帕累托上策均衡。若博弈中的多个纳什均衡之间不存在帕累托效率意义上的优劣关系,在现实中,人们往往也会超越博弈利益关系,依据环境、习惯、文化等因素进行决策,共同选择一个“聚点”构成的纳什均衡,即聚点均衡。

纳什均衡是从单个博弈方不会轻易偏离均衡策略角度说明策略组合的稳定性,若任意联盟也不会轻易偏离该策略组合,则称这样的纳什均衡为强纳什均衡(strong Nash equilibrium)(Aumann,1959)。

定义 2.17　设 $G=\{N,S,U\}$ 是一个 n 人非合作博弈,若策略组合 $s^*=(s_1^*,s_2^*,\cdots,s_n^*)$ 满足:任意博弈方组成的联盟 $T(T\subseteq N)$ 的策略 $s_T=(s_i^*)_{i\in T}(s_i^*\in S_i)$ 是对其余博弈方策略 $s_{-T}^*=(s_i^*)_{i\in N\backslash T}$ 的最优对策,即对任意博弈方 $i\in T$, $u_i(s^*)=u_i(s_T^*,s_{-T}^*)\geqslant u_i(s_T,s_{-T})$ 都成立,其中 s_T 是联盟 T 的策略,由 T 中成员的一个策略构成,则称 s^* 为 G 的一个**强纳什均衡**。

在非合作博弈的纳什均衡问题中,每个博弈方的策略集是与其他博弈方无关的常值集合。若博弈方的策略集是其余博弈方所采取策略的一个点到集映射,则为广义纳什均衡(generalized Nash equilibrium)问题。

定义 2.18 设 $G = \{N, S, U\}$ 是一个 n 人非合作博弈,$S \in \mathbb{R}^n$ 为博弈方公共的策略集,若策略组合 $s^* = (s_1^*, s_2^*, \cdots, s_n^*) \in S$ 满足:对任一博弈方 i,$u_i(s^*) = u_i(s_i^*, s_{-i}^*) \geqslant u_i(s_i, s_{-i}^*)$ 都成立,其中 $(s_i, s_{-i}^*) \in S$,则称 s^* 为 G 的一个**广义纳什均衡**。

显然,如果 $S = S_1 \times S_1 \times \cdots \times S_n$,则广义纳什均衡问题就转化为一般纳什均衡问题。

纳什均衡虽然能够反映博弈结果中的一种稳定状态,但往往并不是总体利益最优的,甚至有时也很难达到个体利益最优。另外,由纳什均衡的定义可知,纳什均衡问题是在给定其他博弈方策略组合下,各博弈方的最优策略选择问题,是由一系列优化问题组成的复杂系统,求解比较困难。目前的研究成果中,有改进的蚁群算法(王志勇 等,2010)、混合遗传算法(Li et al.,2012)、强化学习(王军 等,2022)、增广拉格朗日函数法(Kanzow et al.,2018)、信赖域方法(Galli et al.,2018)、参数变分不等式(Migot et al.,2020)等方法。但这些求解算法中大多数并非对纳什均衡或广义纳什均衡问题的等价重构,求得的也只是近似纳什均衡,因此在实际应用中有一定的局限性。

第3章　博弈调度及强化学习

传统的生产调度优化一般以生产企业为主体，将来源于不同客户的订单或工件统一对待，在综合考虑车间环境特征、生产运输要求等因素后，通过统一调度使得总体目标（如最大完工时间、加权完工时间和、提前/拖期惩罚、能源消耗）达到最优。而在实际生产中，不同的客户往往具有不同的需求和目标，而且具有一定的独立性。他们之间存在对有限资源的竞争，也不会无条件服从生产企业的调度，因此，传统的调度方法很难满足不同客户的需求。学者们根据客户之间能否形成合作机制，分别将合作博弈理论及非合作博弈理论引入调度问题中，形成了合作博弈调度及非合作博弈调度，通过寻求博弈的解来协调客户之间的多目标优化问题。本章主要介绍合作博弈调度中经典的排序博弈及其性质和分配，以及非合作博弈调度及协调机制，并介绍用于求解博弈调度问题的强化学习方法。

3.1　合作博弈调度

Curiel 等（1989）最早将合作博弈理论应用到生产调度中，提出了排序博弈（sequencing games）。在这类博弈问题中，假设具有初始调度的工件需要在一台机器上加工，每个工件属于不同的客户，且工件的成本为其完工时间的线性加权。工件可以通过合作形成联盟，并在联盟内转让加工优先权，从而获得一定的合作剩余（即成本节省）。他们以工件（客户）为博弈方，以联盟的最大成本节省为联盟价值（特征值），建立了具有特征函数的合作排序博弈模型，通过分析合作博弈性质，给出了稳定的成本节省分配方法。自此，合作排序博弈在调度问题中得到了广泛的应用，并取得了丰富的研究成果。

合作博弈调度要解决的问题包含两个方面，一是寻找合理的调度方案，使得参与合作的博弈方能够获得最大的合作剩余（增加的收益或节省的成本）；二是寻求公平合理的分配方法，将合作剩余分配给各博弈方，从而保证合作可以稳定进行。因此，利用合作博弈理论解决调度问题，首先需要建立调度问题的合作博弈模型，通过优化技术获得博弈调度解，即最优调度方案，然后基于联盟特征值，设计合作博弈的有效分配方案。

下面以单机合作博弈为例,介绍调度模型与合作博弈模型的转化及几种常用的分配方法。

3.1.1　单机合作博弈建模

设有 n 个工件属于 n 个不同的客户, $N = \{1, 2, \cdots, n\}$ 为工件(客户)集,需要在一台机器上加工,工件 $i (i \in N)$ 的加工时间为 p_i,加工时间集 $P = \{p_1, p_2, \cdots, p_n\}$。$u(i)$ 表示工件 i 的成本,与完工时间 C_i 有关,且 $u(i) = a_i C_i$,其中 a_i 为工件 i 的成本系数,成本系数集 $A = \{a_1, a_2, \cdots, a_n\}$。假设工件存在一个初始调度 $\sigma_0 : N \rightarrow \{1, 2, \cdots, n\}$, $\sigma_0(i) = k$ 表示工件 i 在位置 k 加工。若 $\sigma_0(i) = i$,则排序 σ_0 可表示为 $1 < 2 < \cdots < n$。一般地,单机调度问题可以用一个四元组 (N, P, A, σ_0) 表示。

在单机调度问题 (N, P, A, σ_0) 中,假设所有工件和机器在零时刻可用,且机器没有空闲,也不会因故障维修等原因中断,那么工件 $i (i \in N)$ 在调度 $\sigma \in \Pi_N$ 下的完工时间为

$$C_i^\sigma = \sum_{k \in \bar{P}(\sigma, i)} p_k$$

其中, Π_N 表示 n 个工件的所有排序; $P(\sigma, i) = \{k \in N \mid \sigma(k) < \sigma(i)\}$ 为工件 i 的前序集, $\bar{P}(\sigma, i) = P(\sigma, i) \bigcup \{i\}$。

令 $C_i^{\sigma_0}$ 表示初始调度 σ_0 下工件 i 的完工时间,所有客户的总成本为 $\sum_{i \in N} a_i C_i^{\sigma_0}$。当客户通过合作形成联盟时,合作博弈调度的目标就是在 Π_N 中寻找一个最优调度 σ^*,使得所有客户的总成本 $\sum_{i \in N} a_i C_i^\sigma$ 达到最小。

针对单机调度问题 (N, P, A, σ_0),合作博弈模型建立时,需要确定联盟的特征函数,以反映联盟成员合作所创造的最大价值。对于大联盟 N,创造最大合作剩余的调度即为最优调度 σ^*。Smith(1956)在研究最小化所有客户总成本的单机调度时,提出了能够找到最优调度的 Smith 规则,如定理 3.1 所示。

定理 3.1　对于单机调度问题 (N, P, A, σ_0),按工件紧急系数 $\mu_i = \dfrac{a_i}{p_i}$ 非增序排列的调度为最优调度 σ^*。

证明:若初始调度 σ_0 中相邻的两个工件 i 和 j,且 $\sigma_0(i) = \sigma_0(j) - 1$,满足 $\mu_i < \mu_j$ 时,交换加工顺序后,能够得到成本改变为

$$g_{ij}^* = a_i \sum_{k \in \bar{P}(\sigma_0, i)} p_k + a_j \sum_{k \in \bar{P}(\sigma_0, j)} p_k - a_j \left(\sum_{k \in P(\sigma_0, i)} p_k + p_j \right) - a_i \sum_{k \in \bar{P}(\sigma_0, j)} p_k$$

由于 $\bar{P}(\sigma_0, j) = \bar{P}(\sigma_0, i) \bigcup \{j\}$,因此有 $g_{ij}^* = a_j p_i - a_i p_j > 0$。从而对

于初始调度 σ_0，可以通过一系列相邻交换，直到将工件按紧急系数 μ_i 非增序排列时可得到最优调度 σ^*。 □

定义 3.1 给定一个单机调度问题 (N, P, A, σ_0)，如果对于所有的 $i, j \in S$ $(S \subseteq N)$ 及 $k \in N$，使得 $\sigma_0(i) < \sigma_0(k) < \sigma_0(j)$ 时有 $k \in S$，则称 S 关于 σ_0 是**连通的**(connected)。

当 S 不是连通联盟时，对于连通联盟 $T(T \subset S)$，若对所有的 $i \in S \backslash T$，$T \cup \{i\}$ 不再关于 σ_0 连通，则称 T 为 S 的一个 σ_0-**组**(σ_0-component)，S 的所有 σ_0-组构成的集合记为 S/σ_0。

如单机调度问题 (N, P, A, σ_0)，其中 $N = \{1, 2, 3, 4, 5, 6\}$，$\sigma_0(i) = i, i \in N$，那么，联盟 $S = \{1, 2, 5, 6\}$ 关于 σ_0 是非连通的，此时 $S/\sigma_0 = \{\{1, 2\}, \{5, 6\}\}$。

对于单机调度问题 (N, P, A, σ_0)，工件形成联盟后，联盟的特征值即为联盟成员合作所创造的最大价值。对于大联盟 N，创造的最大合作剩余即为初始调度 σ_0 与最优调度 σ^* 下工件总成本的差值（总成本节省）。而对于任意联盟 $S \subset N$，需要讨论如何对工件排序才能获得最大价值。

联盟内成员基于合作交换加工顺序时，原则上不能损害联盟外成员的利益。若联盟合作对外部成员的利益（成本）产生影响，则称合作博弈具有外部性。对于单机调度问题 (N, P, A, σ_0)，定义联盟 S 的可行调度 σ 应满足条件：① $S/\sigma_0 = S/\sigma$；② $C_i^\sigma = C_i^{\sigma_0}, \forall i \in N \backslash S$。条件①表明联盟 S 中工件不能跳过 S 外工件交换加工顺序；条件②要求 S 外工件的完工时间不改变，即利益不会被损害。记联盟 S 的所有可行调度集合为 Π_S。

定义 3.2 对于单机调度问题 (N, P, A, σ_0)，定义其合作博弈 (N, v) 的特征函数为

$$v(S) = \max_{\sigma \in \Pi_S} \left\{ \sum_{i \in S} a_i (C_i^{\sigma_0} - C_i^\sigma) \right\} \qquad (3.1)$$

其中 $v(S)$ 表示联盟 $S(S \subseteq N)$ 带来的最大成本节省，显然满足 $v(\varnothing) = 0$。

由定理 3.1 及联盟 S 的可行调度 σ 满足的条件可知，对于连通联盟 $S(S \subseteq N)$，若 σ_S 为联盟 S 合作时对应的最优调度，则 σ_S 可通过将 σ_0 中 S 内工件按照紧急系数非增序排列，S 外工件加工顺序不变得到。对于非连通联盟 S，只需要求仅 σ_0-组中的工件可以交换加工顺序，因为这种方式得到的调度一定是可行调度，此时 σ_S 可通过将 σ_0 中 S 的各 σ_0-组内工件按照紧急系数非增序排列，S 外工件加工顺序不变得到。

3.1.2 单机合作博弈性质分析

定理 3.2 设 (N, v) 为一个单机调度问题 (N, P, A, σ_0) 的合作博弈，则 (N, v) 是超可加的。

证明：设联盟 $S, T \subset N$ 且 $S \cap T = \varnothing$，σ_S，σ_T 分别为联盟 S 和 T 合作对应的最优调度，由式（3.1）可知

$$v(S) + v(T) = \sum_{i \in S} \left[a_i (C_i^{\sigma_0} - C_i^{\sigma_S}) \right] + \sum_{i \in T} \left[a_i (C_i^{\sigma_0} - C_i^{\sigma_T}) \right]$$

$$= \sum_{i \in S \cup T} \left[a_i (C_i^{\sigma_0} - C_i^{\sigma'}) \right]$$

$$\leqslant \max_{\sigma \in \Pi_{S \cup T}} \sum_{i \in S \cup T} \left[a_i (C_i^{\sigma_0} - C_i^{\sigma}) \right] = v(S \cup T) \qquad (3.2)$$

其中，调度 σ' 表示联盟 S 及 T 中的工件加工位置分别与 σ_S 及 σ_T 中的一致，其他工件的加工位置同 σ_0，显然 $\sigma' \in \Pi_{S \cup T}$，从而式（3.2）中最后一个不等式成立。因此 (N, v) 是超可加的。 $\square$

定义 3.3 对于合作博弈 (N, v)，如果满足以下三个条件：

（1）对于每个客户 $i \in N$，$v(\{i\}) = 0$，即单干不能获得利益；

（2）合作博弈 (N, v) 是超可加的；

（3）对于所有的 $S \subset N$，$v(S) = \sum_{T \in S / \sigma_0} v(T)$，

则称合作博弈 (N, v) 是 σ_0-**组可加博弈**。

Le Breton 等（1992）已经证明 σ_0-组可加博弈是均衡博弈，具有非空核心。

定理 3.3 设 (N, v) 为一个单机调度问题 (N, P, A, σ_0) 的合作博弈，则 (N, v) 是 σ_0-组可加博弈。

证明： 对于单机调度问题 (N, P, A, σ_0) 和其合作博弈 (N, v)，显然工件单干不会带来任何成本节省，因此 $v(\{i\}) = 0$。又由定理 3.2 可知，(N, v) 是超可加的。

对于任意联盟 $S \subset N$，σ_S 为联盟 S 内工件合作对应的最优调度。那么 σ_S 可以通过将 S 的各 σ_0-组 $T(T \in S / \sigma_0)$ 内工件按照紧急系数非增序排列，S 外工件加工位置同 σ_0 得到。由于交换 T 内工件加工位置不影响 T 外工件的完工时间，且 $\sigma_T (T \in S / \sigma_0)$ 与 σ_S 中 T 内工件排序相同，因此有

$$v(S) = \sum_{i \in S} \left[a_i (C_i^{\sigma_0} - C_i^{\sigma_S}) \right]$$

$$= \sum_{T \in S / \sigma_0} \sum_{i \in T} \left[a_i (C_i^{\sigma_0} - C_i^{\sigma_T}) \right] = \sum_{T \in S / \sigma_0} v(T) \qquad (3.3)$$

综上可知，(N, v) 是 σ_0-组可加博弈。 $\square$

对于任一连通联盟 T，由于可以通过交换相邻工件按紧急系数非增序排列得到最优调度，因此

$$v(T) = \sum_{i, j \in T, \sigma_0(i) < \sigma_0(j)} g_{ij} \qquad (3.4)$$

其中，$g_{ij} = \begin{cases} g_{ij}^*, & g_{ij}^* > 0 \\ 0, & g_{ij}^* \leqslant 0 \end{cases}$。

定理 3.4　设 (N,v) 为一个单机调度问题 (N,P,A,σ_0) 的合作博弈，则 (N,v) 是凸博弈。

证明：记 $F(\sigma_0,i)$ 为 i 的后序集，即 $F(\sigma_0,i) = \{j \in N \mid \sigma_0(j) > \sigma_0(i)\}$。

对任意 $i \in N$ 及任意联盟 $S_1 \subset S_2 \subseteq N\backslash\{i\}$，必存在 $U_l, V_l \in S_l/\sigma_0 \cup \{\varnothing\}$，其中 $U_l \subset P(\sigma_0,i)$，$V_l \subset F(\sigma_0,i)$，$l=1,2$，且 $U_1 \subseteq U_2$，$V_1 \subseteq V_2$，使得 $U_l \cup \{i\} \in \{S_l \cup \{i\}\}/\sigma_0$ 或 $V_l \cup \{i\} \in \{S_l \cup \{i\}\}/\sigma_0$ 或 $U_l \cup V_l \cup \{i\} \in \{S_l \cup \{i\}\}/\sigma_0$。由式(3.3)及式(3.4)可知

$$v(S_l \cup \{i\}) - v(S_l) = \sum_{k \in U_l} g_{ki} + \sum_{j \in V_l} g_{ij} + \sum_{\substack{k \in U_l \\ j \in V_l}} g_{kj}, \quad l=1,2$$

由于 $U_1 \subseteq U_2$，$V_1 \subseteq V_2$，故 $v(S_1 \cup \{i\}) - v(S_1) \leqslant v(S_2 \cup \{i\}) - v(S_2)$。因此合作博弈 (N,v) 是凸博弈。　　　　$\square$

3.1.3　单机合作博弈中的分配

当客户形成大联盟后，可以通过交换工件的加工位置来获得最大的合作剩余，即成本节省。合作所带来的成本节省如何合理地在客户之间分配是合作博弈要解决的重要问题。下面介绍几种常用的合作博弈的分配方法。

1. EGS 规则

对于单机调度问题 (N,P,A,σ_0)，可通过一系列相邻交换得到联盟的最优调度。由式(3.4)可知，联盟创造的价值即为这些相邻交换所带来的成本节省之和。EGS 规则分配的思想便是将相邻客户调整工件加工顺序所获得的成本节省在这两个客户之间平均分配。

EGS 规则最早由 Curiel 等(1989)提出，按照下式在博弈方之间分配最大成本节省：

$$\text{EGS}_i(v) = \frac{1}{2}\sum_{k \in P(\sigma_0,i)} g_{ki} + \frac{1}{2}\sum_{j \in F(\sigma_0,i)} g_{ij}, \quad i \in N \tag{3.5}$$

对于单机调度问题 (N,P,A,σ_0)，Curiel 等证明了 EGS 规则得到的分配在其合作博弈 (N,v) 的核心中。

2. β 规则

β 规则分配方法由 Curiel 等(1994)在研究单机合作博弈时提出。给定初始调度 σ_0，β 规则按照下式在博弈方之间分配最大成本节省：

$$\beta_i(v) = \frac{1}{2}\left[v(\overline{P}(\sigma_0,i)) - v(P(\sigma_0,i))\right] +$$

$$\frac{1}{2}\left[v(\overline{F}(\sigma_0,i)) - v(F(\sigma_0,i))\right], i \in N \quad (3.6)$$

其中，$\overline{F}(\sigma_0,i) = F(\sigma_0,i) \bigcup \{i\}$。$\beta_i(v)$ 表示博弈方 i 加入其前序集和后序集产生的平均边际贡献。

一般情况下，β 规则得到的分配不一定在博弈的核心中，但当合作博弈具有超可加性且是 σ_0-组可加博弈时，β 规则能够得到博弈的一个核心分配 (Curiel et al, 1994)。

3. Shapley 值

对于单机调度问题 (N, P, A, σ_0)，Curiel 等 (1989) 给出了其合作博弈 (N, v) 的 Shapley 值。

定理 3.5　设 (N, v) 为一个单机调度问题 (N, P, A, σ_0) 的合作博弈，则 Shapley 值

$$\Phi_i(v) = \sum_{\sigma(k) \leqslant \sigma(i) \leqslant \sigma(j)} g_{kj}(\sigma(j) - \sigma(k) + 1)^{-1}, i \in N$$

由于单机调度问题的合作博弈 (N, v) 为凸博弈，因此由定理 2.5 可知，博弈的 Shapley 值在核心中。

4. τ 值

对于单机调度问题 (N, P, A, σ_0)，Curiel 等 (1989) 给出了其合作博弈 (N, v) 的 τ 值。

定理 3.6　设 (N, v) 为一个单机调度问题 (N, P, A, σ_0) 的合作博弈，则其 τ 值为

$$\tau_i(v) = \sum_{\sigma(k) \leqslant \sigma(i) \leqslant \sigma(j)} g_{kj}\lambda, i \in N$$

其中，$\lambda = \sum_{j \in N} \sum_{k \in P(\sigma_0,j)} g_{kj} \left(\sum_{j \in N} \sum_{\sigma_0(k) \leqslant \sigma_0(j) \leqslant \sigma_0(l)} g_{kl}\right)^{-1}$。

3.2　非合作博弈调度及协调机制

众所周知，纳什均衡虽然能够反映博弈结果中的一种稳定状态，但往往并不是总体利益最优的，而且甚至也很难达到个体利益最优。此外，在非合作博弈中，博弈方都是"自私的"，只以自身利益最大化为目标，这种博弈方式往往会造成社会资源的浪费。为解决这个问题，可以设计协调机制，引导博弈方的选择，使得在达到利益均衡的同时社会效益（social utility）尽可能大。

在非合作博弈调度问题中,考虑 n 个待加工工件 $N=\{1,2,\cdots,n\}$ 需要分配到 m 台机器 $\{M_1,M_2,\cdots,M_m\}$ 上加工,这些工件具有独立性和自利性,一般以最小化各自的完工时间为目标。机器环境一般包括平行机、相关机和无关机等,工件加工方式包括在线情形、批加工等,优化目标包括最小化最大完工时间、最小化加权完工时间和等。机器环境、加工方式和优化目标的不同,也决定了博弈调度问题分析结果的不同。

在利用非合作博弈理论研究调度问题时,往往以工件为博弈方,以工件对机器的选择为策略,以工件完工时间的相反数为其收益建立非合作博弈模型。协调机制(coordination mechanism)最早是由 Christodoulou 等(2004)提出的,用以引导工件对机器的选择,从而得到"好"的纳什均衡。

定义 3.4　对每台机器设定一个排序规则,这个规则决定了工件在机器上的加工顺序,所有机器排序规则的集合称为**协调机制**。

针对不同的非合作博弈调度问题,学者们提出了很多协调机制,常用的几种如下。

(1)最短处理时间(shortest processing time,SPT)协调机制:每台机器都将选择了它的工件按 SPT 规则(加工时间非减序排列)排序加工。

(2)最长处理时间(longest processing time,LPT)协调机制:每台机器都将选择了它的工件按 LPT 规则(加工时间非增序排列)排序加工。

(3)随机(randomized)协调机制:每台机器按随机顺序加工选择它的工件。

(4)最大完工时间(makespan)协调机制:工件的完工时间等于它所选择的机器负载。

(5)最大权重(largest weight,LW)协调机制:每台机器都将选择了它的工件按 LW 规则(权重非增序排列)排序加工。

当考虑工件具有恶化效应或机器为批处理机时,还有如下常用的协调机制:

(6)最大恶化率(largest deterioration rate,LDR)协调机制:每台机器都将选择了它的工件按 LDR 规则(恶化率非增序排列)排序加工。

(7)最小恶化率(smallest deterioration rate,SDR)协调机制:每台机器都将选择了它的工件按 SDR 规则(恶化率非减序排列)排序加工。

(8)满批最长处理时间(fully batch longest processing time,FBLPT)协调机制:每台机器都将选择了它的工件按 LPT 规则排序后满批加工。

在博弈环境下,设计协调机制是为了减少社会资源的浪费,使得全局目标尽可能最优。协调机制可以引导工件选择合适的机器,在最优化个体目标时达到一种均衡状态。但一般情况下,通过协调机制得到的纳什均衡并不是全局目标最优的解，那么如何衡量一个协调机制的好坏呢？无秩序代价（price of anarchy，POA）及稳定代价（price of stability，POS）常常用来作为衡量协调机制性能的重要指标。

定义 3.5　一个协调机制的无秩序代价是指在该机制下，博弈中最坏的纳什均衡对应的全局目标函数值与全局最优值的比值，即

$$POA = \max_{I \in H} \max_{s \in NE(I)} \frac{f(s)}{f^*(I)}$$

而一个协调机制的稳定代价是指在该机制下，博弈中最好的纳什均衡对应的全局目标函数值与全局最优值的比值，即

$$POS = \max_{I \in H} \min_{s \in NE(I)} \frac{f(s)}{f^*(I)}$$

其中，H 是由博弈调度问题的所有实例构成的集合，$NE(I)$ 是实例 I 的所有纳什均衡构成的集合，$f(s)$ 表示纳什均衡 s 的全局目标函数值，$f^*(I)$ 表示实例 I 全局目标的最优值。

显然，当纳什均衡唯一时，POA＝POS。对于最小化问题，POA 及 POS 的值越小，说明协调机制的性能越好。

3.3　强化学习

强化学习（reinforcement learning，RL）又称增强学习，是机器学习范式和方法论之一，它以目标为导向，通过智能体在与环境的试探性交互过程中不断选择到最优策略，从而实现序列决策任务或最大奖励的学习机制。它与监督学习的不同之处表现在部分反馈、奖励延迟和指导学习方面，与非监督学习的不同之处表现为学习目标的不同。

强化学习在序贯决策问题中具有良好的求解效果，调度问题是典型的序贯决策问题，可将调度问题转化为马尔可夫决策过程，利用强化学习算法求解。目前，利用强化学习求解调度问题已成为研究热点。Zhang 等（2013）以最小化最大完工时间为目标，将流水车间调度问题转换为马尔可夫决策过程，采用线性梯度下降函数逼近的在线时序差分算法求解。Ren 等（2021）利用神经网络逼近值函数的强化学习算法求解流水车间调度问题。肖鹏飞等（2021）提出基于时序差分法的深度强化学习算法（DQN）求解非置换流水车间调度问题，利用神经网络拟合状态值函数。王凌和潘子肖（2021）提出求解流水车间调度的一种基于深度强化学习与迭代贪婪的算法框架。赵也践等（2022）以 Softmax 函数作为动作选择策略，利用改进 Q-learning 算法求解动态作业车间调度问题。李宝帅和叶春明（2021）针对复杂调度环境，提出基于深度 Q 网络的深度强化学

习算法。更多关于强化学习求解调度问题的方法可参考有关文献(如张东阳和叶春明,2019;王维祺等,2020;Karimi-Mamaghan et al. ,2022)。

本节主要介绍强化学习基本模型和原理、基本概念以及强化学习算法。

3.3.1　基本模型和原理

强化学习包括智能体、环境、状态、动作、奖励和策略 6 个基本要素,各要素的含义如表 3.1 所示。强化学习的学习机制是智能体通过不断与环境进行交互,更新状态获得奖励,通过不断"试错"学习,获得最优策略使累积奖励最大化。智能体与环境的交互分为以下三个步骤:

(1)智能体观测当前环境,获得当前状态;

(2)智能体利用当前观测值根据自己的策略作出决策,选择要执行的动作;

(3)智能体根据执行的动作通过环境改变自己的状态,并获得奖励。

表 3.1　强化学习要素的含义

强化学习要素	含义
智能体(agent)	执行动作,作出决策的主体。根据智能体数量的不同,分为多智能体与单智能体模型,智能体本身并不能建模,与环境交互并更新策略
环境(environment)	环境是除智能体外的所有事务,指不能控制的部分,在智能体外与智能体进行交互
状态(state)	智能体获取的环境信息,反映环境变化
动作(action)	智能体执行的行为
奖励(reward)	强化学习的最终目标是最大化累积奖励,它是智能体执行行为获得的收益,累积奖励表征目标函数
策略(policy)	策略是针对当前情况制定的行动方案,从状态到动作的映射,是智能体在特定状态下的行为依据

图 3.1 所示为强化学习模型的基本结构。

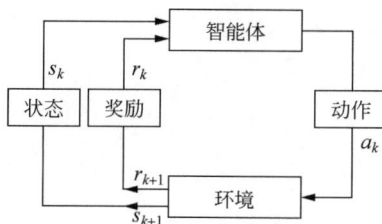

图 3.1　强化学习模型的基本结构

由图 3.1 可知,每次智能体感知当前环境状态,智能体根据策略采取动作后获得即时奖励,重复上述过程,得到最优策略。具体过程如下:k 时刻智能体在状态 s_k 时执行动作 a_k,得到奖励 r_k 并进入下一状态 s_{k+1},$k+1$ 时刻重复上述过程,最终智能体不断交互"试错",学习到在不同状态下选择的最优动作,使累积奖励达到最优值。

3.3.2　强化学习基本概念

下面介绍强化学习方法中的一些基本概念。

在线学习和离线学习:在线学习和离线学习是根据对样本的利用方式分成的两类。在线学习表示智能体通过策略实时采样的学习方式;离线学习表示智能体根据历史存储数据进行学习的方式。

同策略:动作策略与评估策略采取相同策略,代表算法为 Sara 算法。在 Sara 算法中动作策略与评估策略都采用的是 ε 贪婪策略。

异策略:动作策略与评估策略采取不同策略,代表算法为 Q-learning 算法。Q-learning 算法中的动作策略为 ε 贪婪策略,评估策略为贪婪策略。

马尔可夫性:下一状态只与当前状态有关,因为当前状态中包含之前所有状态的信息。

序贯决策:按照一定的时间顺序来排列,以获得顺序的决策。

马尔可夫过程:是序贯决策问题,通过状态以及状态的转移概率来定义。

马尔可夫决策过程:在马尔可夫过程的基础上加入了动作和奖励,且转移概率是关于状态和动作的。

Bootstrapping 的方法:当前值函数由后继状态的值函数估计。

3.3.3　马尔可夫决策过程

由强化学习的学习机制可知,智能体在与环境"试错"交互中学习动作策略,学习的目标是得到令累积奖励最大的最优动作策略,本质解决的是序贯决策问题。序贯决策问题的数学模型是马尔可夫过程,马尔可夫过程(马尔可夫性)是从一个状态转换成另一个状态的随机过程,其含义是状态 s_{t+1} 只与状态 s_t 有关,与之前的状态无关,即满足式(3.7):

$$p(s_{t+1} \mid s_0, s_1, \cdots, s_{t-1}) = p(s_{t+1} \mid s_t) \tag{3.7}$$

马尔可夫决策过程可用五元组 $(S, A, \tilde{\boldsymbol{P}}, R, \gamma)$ 表示,其中,S 为状态空间,A 为动作空间,$\tilde{\boldsymbol{P}}$ 为状态转移矩阵,R 为奖励函数,γ 为折扣因子。$p(s, a, s')$ 和 $R(s, a, s')$ 分别为状态 s 时采取动作 a 后变为状态 s' 的转移概率和即时奖

励。马尔可夫决策过程如图 3.2 所示,状态 s_0 选择动作 a_0 转变成下一状态 s_1 同时获得奖励 r_0,交互过程可用 $(s_0,a_0,r_0,s_1,a_1,\cdots)$ 表示,重复上述过程,直到达到迭代终止条件。

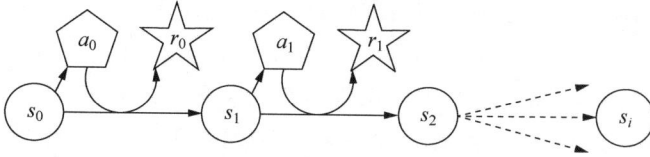

图 3.2　马尔可夫决策过程

策略 $\pi(s,a)$ 是指在状态 s 下选择动作 a 的概率,强化学习的目标是找到最优策略 $\pi^*(s,a)$,使智能体的累积奖励最大。本节基于折扣因子 γ,以最大化累积奖励 $E\left[\sum\limits_{k=0}^{+\infty}\gamma^k r_{t+k+1}\,|\,s_t=s\right]$ 为目标进行说明,其中 r_k 为第 k 次决策时获得的即时奖励,策略 $\pi(s,a)$ 下的状态-值函数 $V^\pi(s)$ 如式(3.8)所示,状态动作值函数如式(3.9)所示。

$$V^\pi(s)=E\left[\sum_{k=0}^{+\infty}\gamma^k r_{t+k+1}\,|\,s_t=s\right]$$
$$=\sum_{a\in A(s)}\pi(s,a)\sum_{s'\in S}p(s,a,s')\left[R(s,a,s')+\gamma V^\pi(s')\right] \quad(3.8)$$

$$Q^\pi(s)=E\left[\sum_{k=0}^{+\infty}\gamma^k r_{t+k+1}\,|\,s_t=s,a_t=a\right]$$
$$=\sum_{s'\in S}p(s,a,s')\left[R(s,a,s')+\gamma V^\pi(s')\right] \quad(3.9)$$

由式(3.8)和式(3.9)可知,状态-值函数和状态-动作值函数之间的关系如式(3.10)所示。

$$V^\pi(s)=\sum_{a\in A(s)}\pi(s,a)Q^\pi(s) \quad(3.10)$$

定义最优策略 $\pi^*=\operatorname*{argmax}\limits_{\pi}V^\pi(s)$,最优值函数为 $V^*(s)=V^{\pi^*}(s)$,将最优策略代入式(3.8)、式(3.9)中,得到最优状态-值函数和最优状态-动作值函数分别如式(3.11)和式(3.12)所示。

$$V^{\pi^*}(s)=\max_{a\in A(s)}\sum_{s'\in S}p(s,a,s')\left[R(s,a,s')+\gamma V^\pi(s')\right] \quad(3.11)$$

$$Q^{\pi^*}(s)=\sum_{s'\in S}p(s,a,s')\left[R(s,a,s')+\gamma\max_{a'\in A(s')}Q^\pi(s',a')\right] \quad(3.12)$$

根据式(3.11)、式(3.12)可知,状态-值函数下的最优策略由奖励函数和状态转移概率决定,确定 $Q^{\pi^*}(s)$ 的值后就可得到状态-动作值函数的最优策略。

3.3.4　强化学习算法

　　根据智能体是否知道环境的内部信息,将强化学习划分为有模型和无模型的强化学习算法两类。有模型的强化学习算法的学习机制是智能体根据已知的环境信息进行学习或利用先验知识进行学习。但在一般情况下,环境内部信息很难获取到,因此无模型的强化学习在实际问题中得到广泛应用,基于值函数的强化学习方法和基于策略函数的强化学习方法是典型的无模型强化学习算法。

　　基于值函数的学习方法:用状态-动作值表示估计值函数,迭代过程中不断优化状态-动作值函数。代表算法有蒙特卡罗(Monte Carlo,MC)方法、时序差分(temporal difference,TD)算法、Q-learning 算法、深度强化学习(deep reinforcement learning,DRL)算法等。

　　基于策略函数的学习方法:对策略进行建模,直接对策略函数进行学习,学习的策略能够处理连续状态-动作值,迭代过程中优化策略函数。代表算法是策略梯度算法 REINFORCE。

　　下面主要介绍第 6～8 章使用的用于求解调度问题最优方案的强化学习Q-learning 算法。Q-learning 算法是基于 TD 算法的无模型强化学习算法,属于异策略的 Off-policy(离线策略)方法。智能体不断更新迭代学习最优状态动作值函数 $Q(s,a)$,间接确定最优策略 $\pi^*(s,a)$。 Q-learning 算法的更新公式如式(3.13)所示。

$$Q(s_t,a_t) \leftarrow Q(s_t,a_t) + \alpha \left[r_t + \gamma \max Q(s_{t+1},a_{t+1}) - Q(s_t,a_t) \right]$$

$$(3.13)$$

式中,α 为学习率,表征智能体的学习效率;γ 为折扣因子,表征智能体偏向于哪一时刻奖励值——当前时刻或下一时刻。

　　Q-learning 算法的步骤如表 3.2 所示。

　　基于动作选择策略在状态 s_t 时选择动作 a_t,需要平衡探索和利用之间的关系。探索的目的是找到更多环境信息,智能体每次决策时不局限于当前搜索到的最优动作,同时探索其他可能获得较高奖励值的动作。利用的目的是根据已知环境信息,采取当前已知最优策略,得到使奖励值最大的策略。平衡探索与利用之间的关系,使算法在有限迭代次数内学习到最优动作策略。

　　策略选择方法包括 ε 贪婪策略、Boltzmann 分布方法、基于函数(Softmax 函数、Sigmoid 函数等)的策略搜索算法。

表 3.2　Q-learning 算法步骤

Q-learning 算法
输入:问题参数、算法参数(学习率 α、折扣因子 γ)
随机初始化状态-动作值函数 $Q(s,a)$ for 　　初始化状态 s_0 　　for 　　　　基于动作选择策略在状态 s_t 时选择动作 a_t; 　　　　执行动作 a_t,得到即时奖励 r_t 和下一个状态 s_{t+1}; 　　　　更新 $Q(s_t,a_t) \leftarrow Q(s_t,a_t) + \alpha\left[r_t + \gamma \max Q(s_{t+1},a_{t+1}) - Q(s_t,a_t)\right]$ 　　　　　　$s_t \leftarrow s_{t+1}, a_t \leftarrow a_{t+1}$ 　　直到达到最终状态 直到达到规定的最大迭代次数
输出:最优策略 $\pi^*(s,a)$

ε 贪婪策略更新公式如式(3.14)所示,以 ε 的概率探索环境信息,随机选择动作;以 $1-\varepsilon$ 的概率利用环境信息,在当前状态下选择使 $Q(s,a)$ 最大的动作。

$$A = \begin{cases} \underset{a}{\arg\max} Q(s,a), p = 1-\varepsilon \\ \text{随机动作}, p = \varepsilon \end{cases} \tag{3.14}$$

Boltzmann 分布方法中每个动作 a 的选择概率如式(3.15)所示。

$$\text{prob}(a_t = a \mid s_t = s) = \frac{e^{Q(s,a)/T}}{\sum_b e^{Q(s,a)/T}}, T \text{ 为温度参数} \tag{3.15}$$

基于 Softmax 函数的动作选择策略公式如式(3.16)所示。

$$p(s_t, a_t) = \frac{e^{\mu \cdot Q(s_t, a_t)}}{\sum_{a \in A} e^{\mu \cdot Q(s_t, a_t)}}, \mu \text{ 为标量} \tag{3.16}$$

基于 Sigmoid 函数的动作选择策略公式如式(3.17)所示。

$$p(s_t, a_t) = \frac{e^{Q(s,a)}}{1 + e^{Q(s,a)}} \tag{3.17}$$

状态空间和动作空间很大或连续时,传统 Q 表不能存储全部信息,通常利用非线性值函数或线性值函数逼近方法估计状态值。非线性逼近方法包括决策树和神经网络逼近方法等,线性值函数逼近方法需选择基函数(如径向基函数、多项式基函数、傅里叶基函数等),通过特征的线性组合间接估计值函数。值函数逼近方法分类如图 3.3 所示。

$$
\text{值函数逼近方法}\begin{cases}
\text{参数逼近方法}\begin{cases}
\text{线性逼近方法}\begin{cases}
\text{径向基函数} \\
\text{多项式基函数} \\
\text{傅里叶基函数}
\end{cases} \\
\text{非线性逼近方法}\begin{cases}
\text{决策树} \\
\text{神经网络逼近方法}
\end{cases}
\end{cases} \\
\text{非参数逼近方法}
\end{cases}
$$

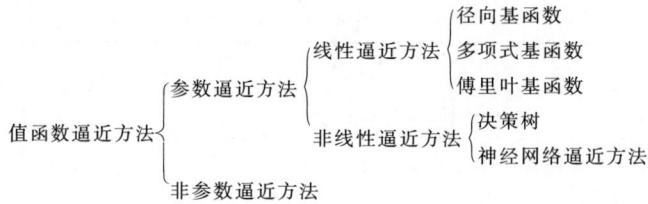

图 3.3 值函数逼近方法分类

线性值函数逼近公式如式(3.18)所示,其中 K 表示状态分量总数,η_k^a 表示状态 k 选择动作 a 的权重,$\phi_k(s)$ 表示基函数。

$$
V(s) = \sum_{k=1}^{K} \eta_k^a \phi_k(s) \tag{3.18}
$$

线性值函数逼近中常见的基函数有径向基函数、多项式基函数及傅里叶基函数,如式(3.19)~式(3.21)所示。

径向基函数:

$$
\phi_k(s) = \exp\left(-\frac{(s - c_k)^2}{2\delta_k^2}\right) \tag{3.19}
$$

多项式基函数:

$$
(1, s_1, s_2, s_1 s_2, s_1^2, s_2^2, \cdots) \tag{3.20}
$$

傅里叶基函数:

$$
\phi_k(s) = \cos(k\pi s), \ s \in [0, 1] \tag{3.21}
$$

第 4 章　带交货期的比例流水车间
合作博弈调度

4.1　引言

流水车间生产是流程工业中的典型特征,例如钢铁企业精炼、连铸、热轧、冷轧等多道生产工序是经典的流水车间调度。比例流水车间调度(proportionate flow shop scheduling,PFSS)是流水车间调度问题的一种特殊情形。在 PFSS 问题中,各工件加工时间是机器独立的,即同一个工件在所有机器上的加工时间相同。Panwalker 等(1973)最早发现在工业生产中存在比例流水车间,自此该类调度问题受到了广泛的关注。Shakhlevich 等(1998)、Pinedo(2008)以及 Choi 等(2007)提供了更多 PFSS 的应用场景。很多学者针对更为复杂的比例流水车间环境下的调度问题进行了研究,并取得了较多的研究成果,包括带有并行机的柔性 PFSS(Shiau 等,2008),带有批处理机的 PFSS(Oron,2019),考虑多代理(Li et al.,2018)、学习效应(Mor et al.,2020)、工件可拒绝(Agnetis,Mosheiov,2017)以及在线调度(Kangbok et al.,2019)等特征的 PFSS 问题等。

对于带有交货期的 PFSS 问题,目前已有一些学者对其优化算法进行了研究。Shabtay(2012)研究了目标为最大化加权准时生产工件数的 PFSS 问题,证明了对于任意数量的机器,该类问题是 NP-难的,并提出了一个完全多项式时间近似方案进行求解。Mor 和 Mosheiov(2016)研究了比例流水车间中带有公共流的交货期分配问题,给出了多项式时间算法。Sun 等(2020)针对比例流水车间中具有位置相关权重的交货期窗口分配问题,在公共交货期窗口及松弛交货期窗口的分配方式下,以最小化总加权成本为目标,给出了相应的算法及算法复杂度分析。这些考虑交货期的 PFSS 问题中各工件的提前/拖期惩罚因子或相同,或与加工位置有关。本章研究带有交货期的 PFSS 问题,考虑工件具有不同的交货期及提前/拖期惩罚因子,且与加工位置无关,因此求解更为复杂。

车间调度的主要任务都是以生产企业为主体,在综合考虑比例流水车间环境、生产特征及交货期、加工能力、加工成本等其他约束指标的基础上,进行调度操作,达到总体目标最优。本章考虑工件属于不同客户的情况,多个客户可以通过合作共同决定加工顺序,从而获得最大成本节省;同时,通过合理的成本节省分配以保证合作的稳定,以减少联盟客户的支出成本。因此,本章利用合作博弈理论研究 PFSS 问题,通过建立合作博弈模型,设计优化算法获取联盟最优调度,并分析合作博弈性质,设计合理的成本节省分配方法以优化生产调度。

4.2　问题描述

本章研究的带有交货期的 PFSS 问题描述如下:

有 n 个待加工工件 $N=\{1,2,\cdots,n\}$ 分别属于 n 个不同的客户,需要经由 m 道工序加工完成。每道工序由不同的机器 $M=\{1,2,\cdots,m\}$ 加工,各工件的 m 道工序加工路径相同,加工流程为依次通过机器 $1,2,\cdots,m$,且同一个工件在各机器上的加工时间相同。工件 $i(i\in N)$ 在各机器上的加工时间 p_i、成本系数 a_i、交货期 d_i 及未按时交货带来的提前/拖期惩罚因子 e_i/t_i 已知。并且假设:①所有工件及加工机器在零时刻可用;②工件加工的准备时间包含在加工时间中;③同一时刻,每一工件只能由一台机器加工,每一机器只能加工一个工件;④每台机器都不会因故障、维护或其他此类原因而中断。该问题的调度任务是确定工件在每台机器上的加工顺序,使加工成本与提前或拖期带来的惩罚费用之和(支出成本)最小。

一般来说,对于流水车间调度问题,各工件在各机器上的加工顺序不必相同,若相同,则称此调度为置换调度。本章考虑各工件按照置换调度进入每台机器。若工件在交货期完成,则客户支出成本与加工时间呈线性关系;若工件提前或拖期完成加工,则客户的支出成本需要增加额外的提前或拖期惩罚费用。令 $C_{i,j}$($i\in N,j\in M$)为工件 i 在机器 j 上的完工时间,则客户 i 的支出成本 $u(i)$ 可表示为

$$u(i)=\begin{cases} a_ip_i+e_i(d_i-C_{i,m}), & C_{i,m}<d_i \\ a_ip_i, & C_{i,m}=d_i \ , i\in N \\ a_ip_i+t_i(C_{i,m}-d_i), & C_{i,m}>d_i \end{cases} \tag{4.1}$$

令 $P=\{p_i\}_{i\in N}$,$A=\{a_i\}_{i\in N}$,$D=\{d_i\}_{i\in N}$,$E=\{e_i\}_{i\in N}$,$T=\{t_i\}_{i\in N}$,则带有交货期的 PFSS 问题可以用一个七元组 (N,M,P,A,D,E,T) 表示。

设 $\sigma:N\to\{1,2,\cdots,n\}$ 为 PFSS 问题的一个调度,$\sigma(i)=k$ 或 $i=\sigma^{-1}(k)$ 表示对于调度 σ,工件 i 排在第 k 个位置上加工;Π_N 表示工件所有调度的集合。可得 PFSS 问题的数学模型如下:

(1)目标函数:最小化总支出成本

$$\min z=\sum_{i=1}^n u(i) \tag{4.2}$$

（2）约束条件：

$$\sum_{i=1}^{n} x_{ik} = 1, k = 1, 2, \cdots, n \tag{4.3}$$

$$\sum_{k=1}^{n} x_{ik} = 1, i = 1, 2, \cdots, n \tag{4.4}$$

$$C_{\sigma^{-1}(1),1} = \sum_{i=1}^{n} x_{i1} \cdot p_i \tag{4.5}$$

$$C_{\sigma^{-1}(1),j} = C_{\sigma^{-1}(1),j-1} + p_{\sigma^{-1}(1)}, j = 2, 3, \cdots, m \tag{4.6}$$

$$C_{\sigma^{-1}(k),1} = C_{\sigma^{-1}(k-1),1} + p_{\sigma^{-1}(k)}, k = 2, 3, \cdots, n \tag{4.7}$$

$$C_{\sigma^{-1}(k),j} = \max\left\{ C_{\sigma^{-1}(k-1),j}, C_{\sigma^{-1}(k),j-1} \right\} + p_{\sigma^{-1}(k)}, k = 2, 3, \cdots, n, j = 2, 3, \cdots, m \tag{4.8}$$

$$\sigma(i) = \sum_{k=1}^{n} k x_{ik}, i = 1, 2, \cdots, n \tag{4.9}$$

$$x_{ik} = \begin{cases} 1, & \text{若工件 } i \text{ 排在 } \sigma \text{ 的第 } k \text{ 位上加工} \\ 0, & \text{其他情况} \end{cases}, i, k = 1, 2, \cdots, n \tag{4.10}$$

其中式（4.3）要求在调度 σ 的每个位置有且只有一个工件；式（4.4）保证了各工件在 σ 中出现且仅出现一次；式（4.5）为机器 1 上第一个工件的完工时间；式（4.6）为机器 j 上第一个工件的完工时间，为其在前一台机器上的完工时间与其在机器 j 上的加工时间之和；式（4.7）为第 k（$k = 2, 3, \cdots, n$）个工件在机器 1 上的完工时间，为前一工件的完工时间与该工件的加工时间之和；式（4.8）为第 k 个工件在机器 j（$j = 2, 3, \cdots, n$）上的完工时间；式（4.9）描述了调度 σ 中第 k 个工件与第 i 个订单待加工工件之间的关系；式（4.10）描述了决策变量。

4.3　合作博弈调度模型及性质分析

将 n 个工件所属的客户看成 n 个博弈方，根据客户先到先服务原则，形成一个初始调度 σ_0，则具有初始调度且带有交货期的 PFSS 问题可以用一个八元组 $(N, M, P, A, D, E, T, \sigma_0)$ 表示。客户可通过小范围或全体合作结成不同的联盟 S（$S \subseteq N$），并在联盟内调整工件的加工顺序使得总成本节省最大。

为了公平起见，本章假设联盟内工件不能跳过联盟外工件交换加工顺序。即对于联盟 S，可行调度 σ 需满足：① $S/\sigma_0 = S/\sigma$；② $C_{i,m}^{\sigma} \leqslant C_{i,m}^{\sigma_0}, \forall i \in N \backslash S$。条件①要求只有 S 的 σ_0-组内工件可以交换加工顺序，条件②要求联盟 S 内工件的合作不能增加 S 外工件的成本。联盟 S 的所有可行调度集记作 Π_S。

当所有客户构成大联盟 N 时,工件的可行调度集为 Π_N。

设 (N,M,P,A,D,E,T,σ_0) 为一个带有交货期的 PFSS 问题,构建其对应的合作博弈模型为 (N,v),其中,

$$v(S) = \max_{\sigma \in \Pi_S} \left(\sum_{i \in S} u_{\sigma_0}(i) - \sum_{i \in S} u_\sigma(i) \right) \tag{4.11}$$

式(4.11)中,$v(S)$ 表示联盟 S 通过合作得到的最大总成本节省值。

将调度模型转化为合作博弈模型后,一方面需要寻找各联盟最优调度方案,使得联盟内客户的总成本节省最大;另一方面需要有合理的成本节省分配方案,以保证大联盟的稳定。

给定调度顺序 σ,定义 $F(\sigma,i)$ 为 i 的前序集,即 $F(\sigma,i) = \{j \in N \mid \sigma(j) < \sigma(i)\}$;$\bar{F}(\sigma,i)$ 为排在 i 前的客户加上 i 的集合,即 $\bar{F}(\sigma,i) = F(\sigma,i) \bigcup \{i\}$;$B(\sigma,i)$ 为 i 的后序集,即 $B(\sigma,i) = \{j \in N \mid \sigma(j) > \sigma(i)\}$;$\bar{B}(\sigma,i)$ 为排在 i 后的客户加上 i 的集合,即 $\bar{B}(\sigma,i) = B(\sigma,i) \bigcup \{i\}$。

对于一般流水车间调度问题,联盟 S 内工件加工顺序的改变往往会影响排在 S 后工件的完工时间,从而影响其成本,因此具有外部性。而对于本章所考虑的 PFSS 问题,性质 4.1 表明其合作博弈不具有外部性。

性质 4.1 设 (N,M,P,A,D,E,T,σ_0) 为一个带有交货期的 PFSS 问题,那么其合作博弈 (N,v) 无外部性。

证明: 对任意联盟 $S(S \subseteq N)$,显然其中工件交换加工顺序不会影响排在 S 前工件的完工时间,从而不会影响其支出成本。又由于工件按照置换调度顺序进行加工,故对于调度 σ,工件 $i \in N$ 在第 m 台机器上的完工时间为

$$C_{i,m}^\sigma = \sum_{j \in \bar{F}(\sigma,i)} p_j + (m-1) \max_{j \in \bar{F}(\sigma,i)} \{p_j\} \tag{4.12}$$

由式(4.12)可以看出,工件 i 的完工时间仅与 $\bar{F}(\sigma,i)$ 中的工件加工时间相关。由联盟可行调度满足的条件①可知,交换 S 内任意工件的加工顺序,排在 S 后工件 j 对应的 $\bar{F}(\sigma,j)$ 不变,故不会影响工件 j 的完工时间,从而不会影响其支出成本。因此,合作博弈 (N,v) 不具有外部性。 □

由性质 4.1 的证明可知,对于联盟 S,一个调度只需要满足可行调度的条件①,即满足条件②。因此,对于本章研究的 PFSS 问题的合作博弈,在联盟 S 的 σ_0-组内进行重排序,其他工件的加工位置不变,所得到的调度都是 S 关于 σ_0 的可行调度。

定理 4.1 设 (N,v) 为一个带有交货期的 PFSS 问题 (N,M,P,A,D,E,T,σ_0) 的合作博弈,则 (N,v) 是超可加博弈。

证明: 设联盟 $S,T \subset N$ 且 $S \bigcap T = \varnothing$,且 S 和 T 的最优调度分别为 σ_S 和 σ_T,则有

$$v(S) + v(T) = \sum_{i \in S} (u_{\sigma_0}(i) - u_{\sigma_S}(i)) + \sum_{i \in T} (u_{\sigma_0}(i) - u_{\sigma_T}(i))$$

$$= \sum_{i \in S \cup T} (u_{\sigma_0}(i) - u_{\sigma'_{(S \cup T)}}(i))$$

$$\leqslant \max_{\sigma \in \Pi_{(S \cup T)}} \sum_{i \in S \cup T} (u_{\sigma_0}(i) - u_{\sigma}(i)) = v(S \cup T) \quad (4.13)$$

其中，$\sigma'_{(S \cup T)}$ 表示联盟 S 及 T 中工件的加工顺序分别与 σ_S 及 σ_T 中一致，其他工件的加工顺序同 σ_0。$\Pi_{(S \cup T)}$ 表示联盟 $S \cup T$ 的可行调度集，显然 $\sigma'_{(S \cup T)} \in \Pi_{(S \cup T)}$，从而式(4.13)成立。由定义 2.6 可知，$(N, v)$ 是超可加博弈。　　　　　　□

定理 4.2　设 (N, v) 为一个带有交货期的 PFSS 问题 $(N, M, P, A, D, E, T, \sigma_0)$ 的合作博弈，则 (N, v) 是均衡博弈。

证明：由性质 4.1 及定理 4.1 易知，PFSS 问题的合作博弈 (N, v) 满足以下三个条件：

(1)对于每个客户 $i \in N$，$v(\{i\}) = 0$；

(2)合作博弈 (N, v) 是超可加的；

(3)对于所有的 $S \subseteq N$，$v(S) = \sum_{T \in S/\sigma_0} v(T)$。

因此，(N, v) 是 σ_0-组可加博弈，Le Breton 等(1992)证明了此类博弈是均衡博弈，从而核心非空。　　　　　　□

4.4　基于 β 规则的成本节省分配

β 规则分配方法是 Curiel 等(1994)在研究排序博弈时提出的，通过在可行调度范围内，博弈方 i 分别加入其前序集及后序集产生的边际成本加权求和计算得出。本章考虑到客户提前/拖期惩罚因子不同，对提前加工或延后加工的迫切程度也不同，提出基于提前/拖期惩罚的 β 规则分配方法，如式(4.14)及式(4.15)所示。

对于初始调度 σ_0，客户 $i \in N$ 获得的成本节省分配为

$$x_i(v) = \beta_{et} [v(\overline{F}(\sigma_0, i)) - v(F(\sigma_0, i))] +$$

$$(1 - \beta_{et}) [v(\overline{B}(\sigma_0, i)) - v(B(\sigma_0, i))] \quad (4.14)$$

其中，

$$\beta_{et} = \frac{\sum_{i=1}^{n} e_i}{\sum_{i=1}^{n} (e_i + t_i)} \quad (4.15)$$

$v(\overline{F}(\sigma_0,i))-v(F(\sigma_0,i))$ 和 $v(\overline{B}(\sigma_0,i))-v(B(\sigma_0,i))$ 分别为客户 i 加入其前序集及后序集产生的边际成本。

定理 4.3 对于带交货期的 PFSS 问题的合作博弈 (N,v)，设 $\boldsymbol{x}=(x_1,x_2,\cdots,x_n)$ 由基于提前/拖期惩罚的 β 规则分配方法得到，则 $\boldsymbol{x}\in C(v)$。

证明： 设初始调度为 $\sigma_0(\sigma_0(i)=i,i\in N)$。 根据定义有 $\overline{F}(\sigma_0,n)=\overline{B}(\sigma_0,1)=N$，$F(\sigma_0,1)=B(\sigma_0,n)=\varnothing$，$F(\sigma_0,i)=\overline{F}(\sigma_0,i-1)$，$B(\sigma_0,i-1)=\overline{B}(\sigma_0,i)$。 因此，

$$\sum_{i\in N}x_i(v)=\beta_{et}[v(\overline{F}(\sigma_0,1))-v(F(\sigma_0,1))+v(\overline{F}(\sigma_0,2))-v(F(\sigma_0,2))+\cdots+$$

$$v(\overline{F}(\sigma_0,n))-v(F(\sigma_0,n))]+(1-\beta_{et})[v(\overline{B}(\sigma_0,1))-v(B(\sigma_0,1))+$$

$$v(\overline{B}(\sigma_0,2))-v(B(\sigma_0,2))+\cdots+v(\overline{B}(\sigma_0,n))-v(B(\sigma_0,n))]$$

$$=\beta_{et}v(\overline{F}(\sigma_0,n))+(1-\beta_{et})v(\overline{B}(\sigma_0,1))=\beta_{et}v(N)+(1-\beta_{et})v(N)$$

$$=v(N)$$

即所有成本节省被全部分配给 N 中各客户。

又因为，对任意 $S\subset N$，$v(S)=\sum_{T\in S/\sigma_0}v(T)$，设 $T=\{f(T),T',l(T)\}$，其中 $f(T),l(T)$ 分别为 T 中序号最小和最大的客户，$T'\subset T$，由于 (N,v) 是超可加的，因此有

$$\sum_{i\in S}x_i=\sum_{T\in S/\sigma_0}\sum_{i\in T}\{\beta_{et}[v(\overline{F}(\sigma_0,i))-v(F(\sigma_0,i))]+$$

$$(1-\beta_{et})[v(\overline{B}(\sigma_0,i))-v(B(\sigma_0,i))]\}$$

$$=\sum_{T\in S/\sigma_0}\{\beta_{et}[v(\overline{F}(\sigma_0,l(T)))-v(F(\sigma_0,f(T)))]+$$

$$(1-\beta_{et})[v(\overline{B}(\sigma_0,f(T)))-v(B(\sigma_0,l(T)))]\}$$

$$\geqslant\sum_{T\in S/\sigma_0}\{\beta_{et}v(T)+(1-\beta_{et})v(T)\}=\sum_{T\in S/\sigma_0}v(T)=v(S)$$

因此，由式(4.14)及式(4.15)定义的基于提前/拖期惩罚的 β 规则得到的分配 $\boldsymbol{x}$ 在博弈 (N,v) 的核心中。 □

4.5 混合差分进化算法求解联盟最优调度

由 4.4 节分析可知，根据式(4.14)、式(4.15)得到的分配在合作博弈 (N,v) 的核心中。这说明，按照该方法对联盟内客户的成本节省进行分配，客户能够得到最多的成本节省，没有客户愿意偏离大联盟。那么如何寻找各联盟的最优

调度,使得联盟成本节省最大,是合作博弈需要解决的重要问题之一。考虑到
PFSS 问题中成本函数的复杂性,本节设计混合差分进化算法(hybrid differential
evolution,HDE)来求解各联盟的最优调度。

差分进化算法(differential evolution,DE)是基于群智能优化的元启发式
算法,利用父代多个个体间的差分向量实现变异,具有收敛速度快、鲁棒性强
等特点。由于 DE 的进化机制主要依赖于生成多个新个体后的选择过程,没
有对参与进化的父代个体进行预先优化处理,所以计算效率相对较低。遗传算
法(genetic algorithm,GA)全局搜索能力强,但局部搜索能力较弱,在进化后
期,容易陷入局部最优。本节根据合作博弈模型的特点,结合 DE 及 GA 的优势
和不足,设计 HDE 求解不同联盟下的最优调度,优化算法性能。

4.5.1　编码

种群中每一个个体对应一个待优化问题的解,即工件加工顺序,采用顺序
编码表示。若 PFSS 问题中待加工工件总数为 n,则该问题的解可以表示成 $1\sim n$
的一个排序。因此在个体编码中,每个基因对应一个工件,基因在个体中的位
置即为工件在给定的调度中的排序。如个体编码(3, 6, 5, 7, 8, 4, 9, 2, 1),
表示有 9 个工件 $1\sim 9$,加工顺序为 3, 6, 5, 7, 8, 4, 9, 2, 1。

4.5.2　变异

算法在进行变异操作时,从三种变异算子——差分变异、翻转变异及插入
变异中随机选择一种,在充分利用 DE 向整个群体学习能力的基础上增加种群
多样性。

1. 差分变异

采用 DE/rand/1/bin 变异策略。公式为

$$v_i^{t+1} = x_{r1}^t + F \times (x_{r2}^t - x_{r3}^t) \tag{4.16}$$

其中, v_i 是由第 t 代种群中随机选择的三个不同的父代个体 x_{r1}, x_{r2}, x_{r3} 变异
后产生的新个体;F 表示缩放因子。

需要注意的是,在进行差分变异后,变异个体的编码可能不再是工件排序。
如经过差分变异后,变异个体编码为(1.83, 1.56, 3.4, 5.31, 4.2, 1.72, 5.6,
6.13, 7.83),此时需要将其转化为顺序编码。本节采用随机键转换规则,即按
照每个基因数值的大小进行顺序编码。此变异个体编码中,基因数值最小为
1.56,因此第二个基因对应的工件是 1;最大为 7.83,从而最后一个基因对应的
工件为 9。依次类推,按照基因数值大小排序后,顺序编码为:(3, 1, 4, 6, 5,
2, 7, 8, 9)。

2. 翻转变异

在编码序列中随机选取两个变异点 a 和 b,然后将 a 到 b 之间的序列进行逆转。如在个体编码(9,3,7,1,5,2,4,8,6)中随机选取变异点"7"和"2",将"7,1,5,2"逆转后变为"2,5,1,7",得到新的个体(9,3,2,5,1,7,4,8,6)。

3. 插入变异

在编码排序中随机选取一个变异点 a,将其插入另一个随机选取的基因 b 之前。如个体编码(9,3,7,1,5,2,4,8,6),随机选取基因3,将其插入基因8之前,并连接基因9和7形成一个新的个体(9,7,1,5,2,4,3,8,6)。

4.5.3 交叉

采用 Goldberg 和 Jr(1985)提出的 PMX(部分映射交叉)方法进行交叉操作。具体步骤如下:

步骤1:随机选择一个父代个体和一个变异个体中一段连续的编码序列(子串),其中所选序列长度和位置相同,如图4.1中灰色部分。

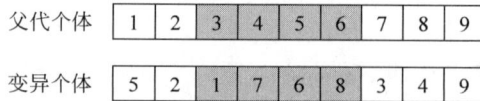

父代个体 | 1 | 2 | 3 | 4 | 5 | 6 | 7 | 8 | 9

变异个体 | 5 | 2 | 1 | 7 | 6 | 8 | 3 | 4 | 9

图 4.1 随机选择编码序列

步骤2:交换这两个个体所选位置上的编码,生成两个临时子代个体。

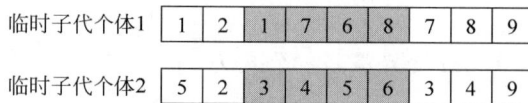

临时子代个体1 | 1 | 2 | 1 | 7 | 6 | 8 | 7 | 8 | 9

临时子代个体2 | 5 | 2 | 3 | 4 | 5 | 6 | 3 | 4 | 9

图 4.2 生成临时子代个体

步骤3:冲突检测,依据所选子串的基因数值建立一个映射关系。如从图4.3可以看出,8↔6↔5构成一个映射关系。由于步骤2中临时子代个体1存在两个基因8,可以将子串外的基因8通过映射关系转变为5。依次类推,直到子代个体中没有冲突为止。

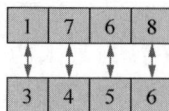

| 1 | 7 | 6 | 8 |

| 3 | 4 | 5 | 6 |

图 4.3 确定映射关系

步骤 4:最终生成的子代个体如图 4.4 所示。

子代个体1 | 3 | 2 | 1 | 7 | 6 | 8 | 4 | 5 | 9

子代个体2 | 8 | 2 | 3 | 4 | 5 | 6 | 1 | 7 | 9

图 4.4　PMX 交叉生成的子代个体

4.5.4　选择

采用贪心选择的思想将得到的子代个体与父代目标个体进行比较,保留适应度值较大的个体进入下一次迭代中。本章研究的目标是寻找最优调度使所有客户总成本节省最大,因此适应度函数为对应的调度下客户的总成本节省。

4.5.5　HDE 整体流程

利用 DE 框架及 GA 变异和交叉机制,设计 HDE 求解合作博弈 (N, v) 的联盟最优调度,从而得到各联盟最大成本节省。HDE 的整体流程如下。

(1) 初始化种群并设置算法参数,包括种群大小 N_p、交叉概率 CR、变异缩放因子 F,最大迭代次数 MI。初始迭代次数 $t = 0$,随机产生的初始种群为 $x^0 = \{x_1^0, x_2^0, \cdots, x_{N_p}^0\}$。

(2) 定义当前目标个体索引号 $i = 1$。

(3) 变异:在目标个体 x_i^t 之外随机选择三个个体 $x_{r1}^t, x_{r2}^t, x_{r3}^t$,进行变异操作,从三种变异算子中随机选择一种生成变异个体 v_i^{t+1}。

(4) 交叉:若满足 $\mathrm{rand}(0,1) < \mathrm{CR}$,则对 x_i^t 和 v_i^{t+1} 执行 PMX 交叉生成新个体 u_i^{t+1};否则不进行交叉操作,把 x_i^t 赋值给 u_i^{t+1}。

(5) 选择:若新个体 u_i^{t+1} 优于目标个体 x_i^t,则 $x_i^{t+1} = u_i^{t+1}$;否则,$x_i^{t+1} = x_i^t$。

(6) 判断是否达到种群最大个数,即 $i \geqslant N_p$,是则转至步骤(7);否则 $i = i + 1$,返回步骤(3)。

(7) 判断是否达到最大迭代数,即 $t \geqslant \mathrm{MI}$,是则转至步骤(8);否则 $t = t + 1$,返回步骤(2)。

(8) 输出算法结果,包括最优调度及总成本节省。

HDE 的整体流程图如图 4.5 所示。

对于联盟 S,为了保证 HDE 求得的最优调度为联盟可行调度,在求解时,需要将联盟外客户的工件按初始调度顺序编号,且不再参与变异、交叉操作,即其在调度上的加工位置一直保持不变。此外,当联盟内成员个数 $k=2$ 时,由于差分变异必须要求具有三个以上不同的个体,此时可直接按照全排列生成两个个体,通过贪婪选择选出最优调度。

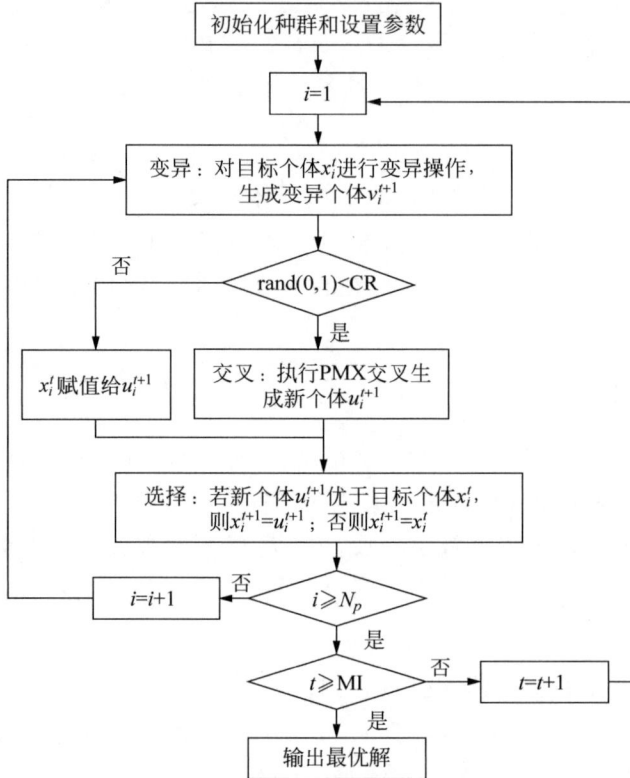

图 4.5   HDE 的整体流程图

4.5.6   HDE 的性能分析

根据 HDE 求解 OR-Library 中目标函数为 $C_{\max}$ 的 Car 类例题测试其求解最优调度的性能,将实验结果与差分进化算法(DE)、文献(张东阳等,2019)中的强化学习(QL)和文献(刘长平和叶春明,2012)中的萤火虫算法(FA)的求解结果进行比较。算法程序采用 MATLAB 2017a 编写,运行环境为 Windows 7 64 位系统,处理器为 1.9GHz,16GB 内存。算法参数设置为:HDE 方法中,MI=300,$N_p=40$,CR=0.2,$F=0.5$。FA 方法中,MI=300,$N_p=40$。QL 方法中,MI=5000。每种算法对 Car 类问题独立运行 20 次,测试结果如表 4.1 所示。

表 4.1　每种算法对 Car 类问题测试结果

实验组	C^*	n,m	BRE				ARE				WRE			
			HDE	DE	FA	QL	HDE	DE	FA	QL	HDE	DE	FA	QL
Car1	7038	11,5	0	0	0	0	0	0.32	0	0	0	2.8	0	—
Car2	7166	13,4	0	1.22	0	0	0	4.57	1.29	0.71	0	6.62	2.93	—
Car3	7312	12,5	0	1.88	0	1.19	0.75	3.69	1.86	1.91	1.2	5.64	3.16	—
Car4	8003	14,4	0	0	0	0	0	2.28	0.33	1.12	0	5.24	1.57	—
Car5	7720	10,6	0	0	0	0	0.06	0.27	0.59	0.61	0.23	0.75	1.45	—
Car6	8505	8,9	0	0	0	0	0	1.06	0.57	0.94	0	2.47	2.15	—
Car7	6590	7,7	0	0	0	0	0	0.05	0.04	0	0	0.65	0.80	—
Car8	8366	8,8	0	0	0	0	0.04	0.41	0.28	0.31	0.15	1.06	1.35	—

表中：最优相对误差 $\mathrm{BRE} = (\min C_{\max} - C^*)/C^* \times 100\%$，平均相对误差 $\mathrm{ARE} = (\mathrm{avg}C_{\max} - C^*)/C^* \times 100\%$，最差相对误差 $\mathrm{WRE} = (\max C_{\max} - C^*)/C^* \times 100\%$，$C_{\max}$ 为 HDE 所求的最大完工时间，C^* 为对应调度问题实际最小的最大完工时间。

由表 4.1 可知，HDE 在求解 Car 类问题时寻优成功率为 100%，高于迭代相同次数的 DE 及 FA，同时各项指标也高于新型调度算法 QL，这说明 HDE 具有非常好的全局收敛能力，是求解经典置换流水车间调度问题的一种有效算法。而本章所研究的带有交货期的 PFSS 问题，由于其合作博弈中特征函数的复杂性，当问题规模较大时，联盟最优调度的求解比较困难，目前对这类问题博弈模型的求解算法也较少。因此，本章利用 HDE 来求解 PFSS 问题合作博弈中各联盟的最优调度。

4.6　算例仿真及分析

为了验证带交货期的 PFSS 问题的合作博弈性质及基于提前/拖期惩罚的 β 规则分配方法的有效性，本节通过例 4.1 进行分析和说明。

例 4.1　有 9 个工件 $N = \{1, 2, \cdots, 9\}$ 分别隶属于 9 个不同的客户，每个工件有 4 道工序需要以相同的顺序在 4 台不同的机器上加工。工件 $i \in N$ 的加工时间 p_i、成本系数 a_i、交货期 d_i、提前/拖期惩罚因子 e_i / t_i 均已知，各参数取值如表 4.2 所示。

表 4.2　相关参数取值

工件 i	1	2	3	4	5	6	7	8	9
p_i	27	35	56	23	48	16	25	42	20
a_i	9	8	7	6	5	6	7	8	9
d_i	150	170	250	300	260	280	150	300	350
e_i	1.2	0.3	1.4	0.5	1.3	0.6	1.7	1.3	0.3
t_i	0.4	1.8	0.6	0.5	0.4	1.4	0.8	0.7	0.8

　　假设初始调度顺序 σ_0 为 $1 \prec 2 \prec 3 \prec 4 \prec 5 \prec 6 \prec 7 \prec 8 \prec 9$。若客户能够通过合作结成联盟，并在联盟内相互转让优先加工权，则可能获得成本的节省。

　　利用 HDE 计算各连通联盟的成本节省 $v(S)$，结果如表 4.3 所示。

表 4.3　各连通联盟的成本节省

联盟 S	$v(S)$	联盟 S	$v(S)$	联盟 S	$v(S)$
1,2	35.5	5,6,7	89.2	4,5,6,7,8	136.1
2,3	0	6,7,8	0	5,6,7,8,9	156
3,4	0	7,8,9	23.6	1,2,3,4,5,6	139.5
4,5	0	1,2,3,4	35.5	2,3,4,5,6,7	233.5
5,6	60.8	2,3,4,5	0	3,4,5,6,7,8	264.3
6,7	0	3,4,5,6	104	4,5,6,7,8,9	191.2
7,8	0	4,5,6,7	119.3	1,2,3,4,5,6,7	280.6
8,9	19.6	5,6,7,8	106	2,3,4,5,6,7,8	264.3
1,2,3	35.5	6,7,8,9	23.6	3,4,5,6,7,8,9	322.7
2,3,4	0	1,2,3,4,5	35.5	1,2,3,4,5,6,7,8	311.4
3,4,5	0	2,3,4,5,6	104	2,3,4,5,6,7,8,9	322.7
4,5,6	85	3,4,5,6,7	233.5	1,2,3,4,5,6,7,8,9	369.8

　　由表 4.3 可知，对于任意连通联盟 $S_1, S_2 \subset N$，且 $S_1 \bigcap S_2 = \varnothing$，均有 $v(S_1) + v(S_2) \leqslant v(S_1 \bigcup S_2)$，因此 HDE 方法求出的各联盟最大成本节省符合合作博弈的超可加性，算法结果可信度较高。最大成本节省为 369.8，此时所有客户合作结成大联盟，最优调度 σ^* 为 $2 \prec 7 \prec 1 \prec 5 \prec 6 \prec 4 \prec 9 \prec 8 \prec 3$，对应的甘特图如图 4.6 所示。

利用基于提前/拖期惩罚的 β 规则,根据式(4.14)及式(4.15)对节省的成本进行分配,结果为:$x(v)=(21.783\,8,\ 19.081\,3,\ 60.818\,8,\ 16.280\,0,\ 61.235\,0,\ 55.900\,0,\ 77.691\,2,\ 25.620\,0,\ 31.390\,0)$。

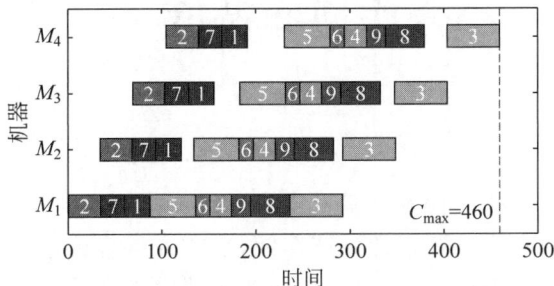

图 4.6　最优调度甘特图

显然 $\sum\limits_{i\in N} x_i(v)=v(N)=369.8$,说明大联盟所获得的成本节省按照基于提前/拖期惩罚的 β 规则能够全部分配给所有参与的客户,满足整体有效性。在大联盟的最优调度中,虽然客户 8 的加工顺序和初始调度相同,但其加入对联盟有贡献,因此能分到一定的成本节省;客户 7 分到的成本节省最大,因为凡是客户 7 参加的联盟都能获得较大的成本节省。并且容易验证对任意联盟 $S\subset N$,均有 $\sum\limits_{i\in S} x_i(v)\geqslant v(S)$,说明在此分配下没有客户会偏离大联盟,从而保证了大联盟的稳定性。因此,由基于提前/拖期惩罚的 β 规则得到的分配 $x\in C(v)$。

4.7　本章小结

本章基于合作博弈理论,对带有交货期的 PFSS 问题进行了研究。当工件属于不同的客户,且客户的支出成本为完工时间的加权与提前/拖期惩罚费用之和时,以最小化客户总支出成本为优化指标,建立数学模型。考虑客户可以通过结盟,并在联盟内重调度以减少联盟总成本,以联盟的最大成本节省为特征函数,建立了 PFSS 问题的合作博弈模型,并对其性质进行了分析。为了得到联盟的最大成本节省,利用 DE 框架结合 GA 变异及交叉机制,设计了 HDE 用以求解各联盟最优调度。并根据客户对提前加工或延后加工的不同迫切程度,提出了基于提前/拖期惩罚的 β 规则,证明了利用该方法得到的成本节省分配为合作博弈的一个核心分配。最后通过算例验证了 HDE 及成本分配方法的可行性和有效性。

第 5 章 带交货期的柔性流水车间
合作博弈调度

5.1 引言

柔性流水车间是指按照流水式生产线布置,包含至少两道工序,且至少有一道工序有两台及以上并行机的生产车间,也称为混合流水车间。这种车间结构可以提高车间的生产能力,有效减少瓶颈机器对生产连续性的影响。柔性流水车间调度(flexible flow shop scheduling,FFSS)问题的调度任务除了要为每个工件的每道工序分配加工机器外,还需确定工件在机器上的加工顺序,是传统流水车间调度问题的推广,广泛存在于钢铁、化工、纺织、电子等调度问题中。

如在炼钢—精炼—连铸过程中,高温铁水首先需要在转炉中经过脱碳、升温、供氧转换、脱磷等工序,产生符合工艺要求的钢水;然后,生产出的钢水需要放置在钢包中,运送到精炼炉进行精炼加工;最后,精炼后的钢水再被运载到连铸机进行连铸加工。炼钢—连铸生产过程示意图如图 5.1 所示。在这一过程中,包含三个连续加工阶段,每个阶段都有多台加工能力相同的并行机,是典型的柔性流水车间调度问题。

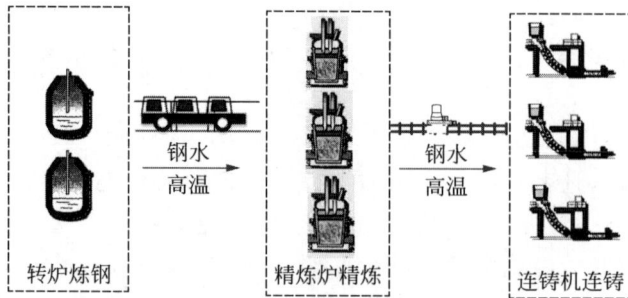

钢水
高温

钢水
高温

转炉炼钢　　　　　精炼炉精炼　　　　　连铸机连铸

图 5.1　炼钢—精炼—连铸生产过程示意图

近年来,针对 FFSS 问题的研究成果比较丰富(李颖俐等,2020)。在求解方法方面,根据调度问题及机器特征,利用启发式算法、元启发式算法及学习型算法对带有恶化工件(轩华等,2020)、学习效应(Azadeh et al.,2019)、准备时间(韩忠华等,2019)、批处理机(王君妍等,2017)等 FFSS 问题进行了求解。对于带有交货期的 FFSS 问题,Botta-Genoulaz(2000)研究了工件具有优先级约束的 FFSS 问题,以最小化最大延迟为目标,提出了 6 种启发式算法进行求解。
Lee 和 Kim(2004)以最小化总拖期为目标,设计了分支定界算法对两阶段
FFSS 问题进行了求解。Pan 等(2017)考虑带交货期窗口的 FFSS 问题,提出
了一种结合迭代贪婪搜索和迭代局部搜索的混合算法。Khare 和 Agrawal
(2019)研究了具有顺序相关设置时间及交货期窗口的 FFSS 问题,提出了 3 种
基于种群的元启发式算法以最小化总加权提前及拖期。Li 等(2021)研究了具
有相同交货期的 FFSS 问题,以最小化总等待时间及最小化总提前/拖期时间
为优化目标,设计改进遗传算法进行求解。

以上研究均是以生产企业为主体,根据柔性流水车间不同的阶段数、机器
特征、生产特征,以最大完工时间、总提前/拖期、总空闲时间、最大工作负载及
总能耗等为目标函数,设计优化算法获取单目标或多目标 FFSS 问题的(近似)
最优调度方案。而在实际生产中,客户不愿无条件服从生产企业调度,客户与
客户之间、客户与企业之间往往存在着竞争与合作。客户可以通过结盟,在联
盟内调整调度顺序以减少总成本,从而给自身带来成本节省。这种合作方式对
解决企业与客户之间的多目标优化协调问题起着重要作用。因此,本章利用合
作博弈理论研究 FFSS 问题,考虑客户具有公共交货期,主要考虑加工时间与
工序相关的一类 FFSS 问题,通过分析合作博弈性质,给出合理的成本节省分
配方法。

5.2　问题描述

本章研究的带有交货期的 FFSS 问题描述如下:

有 n 个工件分别隶属于 n 个不同的客户。每个工件需要依次经由 r 道工
序加工完成,每道工序有多台同速并行机负责加工,且各工件的加工路径相同。
客户具有公共交货期,当工件拖期完工时,会产生一定的惩罚费用。并且假设:
①所有工件及机器在零时刻可用;②工件的准备时间包含在加工时间中;③同
一时刻,一台机器只能加工一个工件,每个工件也只能由一台机器加工;④每台
机器都不会因故障、维护或其他此类原因而中断。

令 $N=\{1,2,\cdots,n\}$ 表示客户(工件)集;$R=\{1,2,\cdots,r\}$ 表示 r 道工序构
成的工序集;$M=\{M_{1,1},\cdots,M_{1,m_1},M_{2,1},\cdots,M_{2,m_2},\cdots,M_{r,1},\cdots,M_{r,m_r}\}$ 表
示 r 道工序上并行机器集,且第 j 道工序的机器数为 $m_j,j\in R$;$P=\{p_{ij}\}_{n\times r}$ 表
示加工时间集,$p_{ij}(i\in N,j\in R)$ 为工件 i 在第 j 道工序的加工时间,若 $p_{ij}=$
$p_j,i\in N$,即各工件在相同工序的加工时间相同,则称加工时间是与工序相关
的;$A=\{a_1,a_2,\cdots,a_n\}$ 表示客户的成本系数集;d 为工件的公共交货期。

客户 i 的支出成本 $u(i)$ 由工件完工时间的加权及因拖期完工而产生的惩罚费用所确定,因此,

$$u(i) = \begin{cases} a_i C_{i,r}, & C_{i,r} \leqslant d \\ a_i C_{i,r} + \gamma(C_{i,r} - d), & C_{i,r} > d \end{cases}, i \in N$$

其中 a_i 为客户 i 的成本系数, $C_{i,r}$ 为工件 i 在最后一道工序 r 上的完工时间, γ 为拖期完工的单位惩罚费用。该问题的调度任务是确定工件在各道工序上的加工机器以及在各机器上的加工顺序,使客户的总支出成本最小。故调度问题的优化目标为最小化总支出成本,即

$$\min z = \sum_{i=1}^{n} u(i) \tag{5.1}$$

对于加工时间与工序相关的柔性流水车间调度(FFSS with operation dependent processing time,FFSS-ODPT)问题,工件在工序 j($j \in R$)上形成加工顺序 $\sigma^j : N \to \{1, 2, \cdots, n\}$($\sigma^j(i) = k$ 或 $(\sigma^j)^{-1}(k) = i$ 表示在第 j 道工序上,工件 i 排在第 k 个位置上加工)后,由于各工件在各台机器上的加工时间相同,因此可按照贪心策略为工件指派机器,即根据加工顺序 σ^j,从未加工工件中选择排名第 1 的工件,并将其分配给第 j 道工序上最早空闲的机器。若 $\sigma^j = \sigma, j \in R$,则称该调度顺序为置换调度。当各工件在相同工序的同速并行机上加工时间也相同时,若最优调度中工序 r 上的调度顺序为 σ^*,各工序按照 σ^* 对工件加工的调度也一定是最优调度。因此,对于加工时间与工序相关的 FFSS 问题,本章考虑工件以置换调度顺序在各工序进行加工。

在 FFSS-ODPT 问题中,对于任意工件 $i \in N$,由于 $p_{ij} = p_j, j \in R$,且工件以置换调度顺序 σ 在各工序加工,因此工件 i($\sigma(i) = k$)在各工序的完工时间为

$$C_{i,1} = \left\lceil \frac{k}{m_1} \right\rceil \cdot p_1, i \in N \tag{5.2}$$

$$C_{i,j} = \begin{cases} C_{i,j-1} + p_j, & k \leqslant m_j \\ \max\{C_{i,j-1}, C_{\sigma^{-1}(k-m_j),j}\} + p_j, & k > m_j \end{cases}, i \in N, j \in \{2, 3, \cdots, r\}$$

$$\tag{5.3}$$

由式(5.2)及式(5.3)可知,工件 i 的完工时间仅与其在 σ 中所处的位置 k 有关,与其他工件的加工顺序无关。

定理 5.1 按客户成本系数非增序排列得到置换调度为带有交货期的 FFSS-ODPT 问题的一个最优调度。

证明：设 σ_0 为工件的一个置换调度，且 $\sigma_0(i)=i,i \in N$。对于两个相邻工件 $i,j(i=j-1)$，满足 $a_i < a_j$，令 g_{ij}^* 为交换工件 i,j 加工顺序后的总成本改变。由于交换工件 i,j 的加工顺序不会影响其他工件的完工时间，且不会改变拖期工件个数，则

$$g_{ij}^* = (a_j - a_i)(C_{j,r}^{\sigma_0} - C_{i,r}^{\sigma_0}) \tag{5.4}$$

其中 $C_{i,r}^{\sigma_0}$ 表示在调度顺序 σ_0 下工件 i 在最后一道工序 r 上的完工时间。

由于 $i=j-1$，从而 $C_{j,r}^{\sigma_0} \geqslant C_{i,r}^{\sigma_0}$，故 $g_{ij}^* \geqslant 0$。因此，当 $a_i < a_j$ 时交换 i 和 j 不会使得总成本增加。将所有不满足成本系数非增序排列的工件两两交换，每次都不会增加总成本，直到所有工件按成本系数非增序排列时，即得到 FFSS-ODPT 问题的一个最优调度。　　　　　　　　　　　　　　　□

由式(5.4)可知，交换相邻工件 i,j 得到的总成本改变 g_{ij}^* 不仅与两工件的成本系数有关，还与其在调度顺序中的位置有关。考虑到两相邻工件完工时间的差仅与其位置相关，因此，将处于调度顺序 σ 中位置 s 及 $s+1$ 的相邻工件 i,j 的完工时间差记为 $L_s = C_{j,r}^{\sigma} - C_{i,r}^{\sigma}(L_s \geqslant 0)$。从而由式(5.4)可得 $g_{ij} = (a_j - a_i)L_s$。

5.3　合作博弈调度模型及性质分析

本节主要针对带有交货期的 FFSS-ODPT 问题建立合作博弈模型，并分析合作博弈性质。

将 n 个客户看成 n 个博弈方，根据先到先服务原则形成初始置换调度 $\sigma_0(\sigma_0(i)=i,i \in N)$，各工序上工件按照此顺序依据贪心策略指派机器加工。当初始调度不是最优调度时，客户可以通过合作结盟，在联盟内重新指派工件加工顺序，以获得最大的总成本节省。节省的成本可以分配给联盟客户，进而减少其支出成本。考虑到公平性，假设联盟内客户不能跳过联盟外客户交换工件加工顺序，即若 $i,j \in S$，则只有当初始调度中位于 i,j 之间的所有工件都在 S 内，i,j 才能交换顺序。对于非连通联盟 S，则只有 σ_0-组内的工件才能交换加工顺序。并且，联盟的形成不能损害联盟外工件的利益，即不能增加其支出成本。因此，联盟 S 的可行调度 σ 应满足：① $S/\sigma_0=S/\sigma$；② $C_{i,r}^{\sigma} \leqslant C_{i,r}^{\sigma_0}$，$\forall i \in N \backslash S$。$S$ 的所有可行调度集记作 Π_S。

具有初始调度 σ_0 且带交货期的 FFSS-ODPT 问题可描述为一个八元组 $(N,R,M,P,A,\gamma,d,\sigma_0)$，$(N,v)$ 为其对应的合作博弈，其中 N 为博弈

方(工件)集合，v 是集合 N 的幂集上的映射，$v:2^N \rightarrow R$ 且 $v(\varnothing)=0$，为联盟 $S(S \subseteq N)$ 对应的特征函数，即联盟 S 带来的最大成本节省：

$$v(S) = \max_{\sigma \in \Pi_S} \Big(\sum_{i \in S} u_{\sigma_0}(i) - \sum_{i \in S} u_{\sigma}(i) \Big) \tag{5.5}$$

易知带交货期的 FFSS-ODPT 问题的合作博弈 (N, v) 具有超可加性。由于工件的完工时间仅与其在调度顺序中的位置相关，则对任一连通联盟 T，T 内工件交换加工顺序不会改变 T 外工件的完工时间，从而不会影响其成本。因此，(N, v) 不具有外部性。而且对于非连通联盟 S，只有 σ_0-组内的工件才能交换加工顺序，故 (N, v) 是 σ_0-组可加博弈，即对于所有的联盟 $S \subseteq N$，

$$v(S) = \sum_{T \in S/\sigma_0} v(T) \tag{5.6}$$

Borm 等(2002)证明了一个 σ_0-组可加博弈可以分解成无异议博弈的唯一线性组合，且当线性组合的系数非负时，该 σ_0-组可加博弈为凸博弈。由于带交货期的 FFSS-ODPT 问题的合作博弈 (N, v) 是 σ_0-组可加博弈，由文献(Borm et al.,2002)易得引理 5.1。

引理 5.1 设 $(N, R, M, P, A, \gamma, d, \sigma_0)$ 为一个带交货期的 FFSS-ODPT 问题，则其对应的合作博弈 (N, v) 可以分解成无异议博弈的线性组合，即 $v = \sum_{T \subseteq N} \lambda_T u_T$。对于每个联盟 $T \subseteq N$，有

$$\lambda_T = \begin{cases} v(T) - v(T \setminus \{f(T)\}) - v(T \setminus \{l(T)\}) + v(T \setminus \{f(T), l(T)\}), \\ \qquad\qquad\qquad\qquad\qquad T \text{ 关于 } \sigma_0 \text{ 连通} \\ 0, \qquad\qquad\qquad\qquad\quad T \text{ 关于 } \sigma_0 \text{ 非连通} \end{cases}$$

其中，

$$f(T) = \operatorname*{argmin}_{i \in T} \sigma_0(i), \quad l(T) = \operatorname*{argmax}_{i \in T} \sigma_0(i)$$

记 $P(\sigma_0, i) = \{j \in N \mid \sigma_0(j) < \sigma_0(i)\}$；$F(\sigma_0, i) = \{j \in N \mid \sigma_0(j) > \sigma_0(i)\}$；$\sigma_S$ 为联盟 S 的最优调度，即 S 内工件按成本系数非增序排列，S 外工件的加工顺序同 σ_0。

引理 5.2 设 $(N, R, M, P, A, \gamma, d, \sigma_0)$ 为一个带交货期的 FFSS-ODPT 问题，(N, v) 为其对应的合作博弈，若 $S \subset T \subseteq N$，则 $v(T) = v(S) + v_{\sigma_S}(T)$，其中 $v_{\sigma_S}(T)$ 表示初始调度为 σ_S 时联盟 T 的特征值。

证明：由于工件具有公共交货期，且工件的完工时间仅与其在调度中的加工位置相关，因此，交换联盟 S 中工件的加工顺序不会改变 S 中拖期工件的个数及因拖期带来的总惩罚费用。故

$$v(S) = \max_{\sigma \in \Pi_S} \Big(\sum_{i \in S} u_{\sigma_0}(i) - \sum_{i \in S} u_{\sigma}(i) \Big) = \sum_{i \in S} a_i (C_{i,r}^{\sigma_0} - C_{i,r}^{\sigma_S})$$

从而有

$$v(S) + v_{\sigma_S}(T) = \sum_{i \in S} a_i (C_{i,r}^{\sigma_0} - C_{i,r}^{\sigma_S}) +$$

$$\left(\sum_{i \in S} a_i (C_{i,r}^{\sigma_S} - C_{i,r}^{\sigma_T}) + \sum_{i \in T \setminus S} a_i (C_{i,r}^{\sigma_S} - C_{i,r}^{\sigma_T}) \right)$$

$$= \sum_{i \in S} a_i C_{i,r}^{\sigma_0} + \sum_{i \in T \setminus S} a_i C_{i,r}^{\sigma_S} - \left(\sum_{i \in S} a_i C_{i,r}^{\sigma_T} + \sum_{i \in T \setminus S} a_i C_{i,r}^{\sigma_T} \right)$$

由于当 $i \in T \setminus S$ 时, $\sigma_0(i) = \sigma_S(i)$, 从而 $C_{i,r}^{\sigma_0} = C_{i,r}^{\sigma_S}$, 故有

$$v(S) + v_{\sigma_S}(T) = \sum_{i \in T} a_i (C_{i,r}^{\sigma_0} - C_{i,r}^{\sigma_T}) = v(T) \qquad \square$$

定理 5.2　设 $(N, R, M, P, A, \gamma, d, \sigma_0)$ 为一个带交货期的 FFSS-ODPT 问题,(N, v) 为其对应的合作博弈,则 (N, v) 为凸博弈。

证明:由引理 5.1 可知,(N, v) 可以表示成无异议博弈的线性组合,而无异议博弈为凸博弈,因此只需证明对任意连通联盟 $T \subseteq N$,$\lambda_T \geqslant 0$,则可得定理 5.2。

记 $i = f(T), j = l(T), T' = T \setminus \{i, j\}$,则根据引理 5.2 有

$$\lambda_T = v(T) - v(T \setminus \{i\}) - v(T \setminus \{j\}) + v(T') = v_{\sigma_{T \setminus \{i\}}}(T) - v_{\sigma_T}(T \setminus \{j\})$$

在调度 $\sigma_{T \setminus \{i\}}$ 中,存在 $1 \leqslant t \leqslant |T'|$ 满足 $a_{\sigma_{T'}^{-1}(i+t)} \leqslant a_j \leqslant a_{\sigma_{T'}^{-1}(i+t-1)}$,此时调度 $\sigma_{T \setminus \{i\}}$ 及 $\sigma_{T'}$ 如图 5.2 所示。

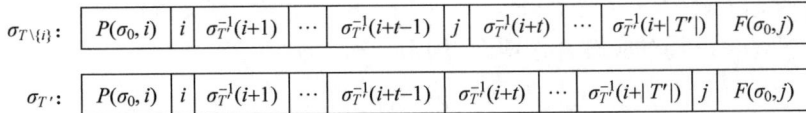

$\sigma_{T \setminus \{i\}}$:	$P(\sigma_0, i)$	i	$\sigma_{T'}^{-1}(i+1)$	$\cdots$	$\sigma_{T'}^{-1}(i+t-1)$	j	$\sigma_{T'}^{-1}(i+t)$	$\cdots$	$\sigma_{T'}^{-1}(i+|T'|)$	$F(\sigma_0, j)$

$\sigma_{T'}$:	$P(\sigma_0, i)$	i	$\sigma_{T'}^{-1}(i+1)$	$\cdots$	$\sigma_{T'}^{-1}(i+t-1)$	$\sigma_{T'}^{-1}(i+t)$	$\cdots$	$\sigma_{T'}^{-1}(i+|T'|)$	j	$F(\sigma_0, j)$

图 5.2　$\sigma_{T \setminus \{i\}}$ 及 $\sigma_{T'}$ 对应的工件排序

(1)当 $a_j \leqslant a_i$ 时,可以通过工件两两交换,使得 $\sigma_{T \setminus \{i\}}$ 变为 σ_T。而对 $\sigma_{T'}$ 使用相同的交换过程,得到的调度即为 $\sigma_{T \setminus \{j\}}$。此时易得 $\lambda_T = 0$。

(2)当 $a_j > a_i$ 时,有

$$v_{\sigma_{T \setminus \{i\}}}(T) = \sum_{k=1}^{t-1} (a_{\sigma_{T'}^{-1}(i+k)} - a_i) L_{i+k-1} + (a_j - a_i) L_{i+t-1} + \sum_{k=t}^{\sigma_T(i)-i-1} (a_{\sigma_{T'}^{-1}(i+k)} - a_i) L_{i+k}$$

$$v_{\sigma_{T'}}(T \setminus \{j\}) = \sum_{k=1}^{t-1} (a_{\sigma_{T'}^{-1}(i+k)} - a_i) L_{i+k-1} + \sum_{k=t}^{\sigma_T(i)-i-1} (a_{\sigma_{T'}^{-1}(i+k)} - a_i) L_{i+k-1}$$

又因为 $a_j = a_{\sigma_{T'}^{-1}(i+t-1)}$,$a_i = a_{\sigma_{T'}^{-1}(\sigma_T(i))}$,且当 $t \leqslant k < \sigma_T(i)-i$ 时,$a_{\sigma_{T'}^{-1}(i+k)} = a_{\sigma_T^{-1}(i+k)}$,故

$$\lambda_T = (a_j - a_i)L_{i+t-1} + \sum_{k=t}^{\sigma_T(i)-i-1} \left[(a_{\sigma_T^{-1}(i+k)} - a_i)L_{i+k} - (a_{\sigma_T^{-1}(i+k)} - a_i)L_{i+k-1} \right]$$

$$= (a_{\sigma_T^{-1}(i+t-1)} - a_{\sigma_T^{-1}(i+t)})L_{i+t-1} + \sum_{k=t+1}^{\sigma_T(i)-i-1} (a_{\sigma_T^{-1}(i+k-1)} - a_{\sigma_T^{-1}(i+k)})L_{i+k-1} +$$

$$(a_{\sigma_T^{-1}(\sigma_T(i)-1)} - a_{\sigma_T^{-1}(\sigma_T(i))})L_{\sigma_T(i)-1}$$

$$= \sum_{k=t}^{\sigma_T(i)-i} (a_{\sigma_T^{-1}(i+k-1)} - a_{\sigma_T^{-1}(i+k)})L_{i+k-1}$$

由于 $a_{\sigma_T^{-1}(i+k-1)} \geqslant a_{\sigma_T^{-1}(i+k)}$（$t \leqslant k \leqslant \sigma_T(i)-i$）且 $L_{i+k-1} \geqslant 0$，从而 $\lambda_T \geqslant 0$。

综上可知，对任意连通联盟 $T \subseteq N$，$\lambda_T \geqslant 0$。因此，定理 5.2 得证。　　□

5.4　基于 Shapley 值的成本节省分配

Shapley 值是合作博弈常用的一种有效分配，表示博弈边际贡献的平均值。当合作博弈为凸博弈时，由定理 2.5 可知，Shapley 值在博弈的核心中。由定理 2.3 可知，Shapley 值也可以通过合作博弈分解成的无异议博弈进行计算。因此，对于带交货期的 FFSS-ODPT 问题的合作博弈，Shapley 值可以表述成一种简单计算形式，如性质 5.1 所示。

性质 5.1 设 $(N, R, M, P, A, \gamma, d, \sigma_0)$ 为一个带交货期的 FFSS-ODPT 问题，(N, v) 为其对应的合作博弈，则对于每个 $i \in N$，有

$$\Phi_i(v) = \sum_{\substack{T \in N/\sigma_0 \\ i \in T}} \sum_{k=t}^{\sigma_T(f(T))-f(T)} \frac{(a_{\sigma_T^{-1}(f(T)+k-1)} - a_{\sigma_T^{-1}(f(T)+k)})L_{f(T)+k-1}}{|T|}$$

$$(5.7)$$

其中 t 满足 $a_{\sigma_T^{-1}(f(T)+t)} \leqslant a_{l(T)} \leqslant a_{\sigma_T^{-1}(f(T)+t-1)}$。

证明：由于只有 σ_0- 组内的工件才能交换加工顺序从而产生成本节省，因此，由引理 5.1 及定理 5.2 的证明可知

$$\lambda_T = \begin{cases} \sum_{k=t}^{\sigma_T(f(T))-f(T)} (a_{\sigma_T^{-1}(f(T)+k-1)} - a_{\sigma_T^{-1}(f(T)+k)})L_{f(T)+k-1}, & T \in N/\sigma_0 \\ 0, & T \notin N/\sigma_0 \end{cases}$$

$$(5.8)$$

其中 t 满足 $a_{\sigma_T^{-1}(f(T)+t)} \leqslant a_{l(T)} \leqslant a_{\sigma_T^{-1}(f(T)+t-1)}$。因此，由定理 2.3 易得性质

5.1。

5.5 算例仿真及分析

本节通过例 5.1 验证带交货期的 FFSS-ODPT 问题的合作博弈性质及成本分配方法的合理性,并通过例 5.2 分析一般 FFSS 问题合作博弈研究所存在的问题。

例 5.1 设 $(N, R, M, P, A, \gamma, d, \sigma_0)$ 为一个带交货期的 FFSS-ODPT 问题,其中 $N = \{1, 2, \cdots, 8\}$;$R = \{1, 2, 3\}$;$M = \{M_{1,1}, M_{1,2}, M_{2,1}, M_{2,2}, M_{2,3}, M_{3,1}\}$;各工件在 3 道工序上的加工时间 $P = \{12, 20, 10\}$;$A = \{2, 3, 6, 8, 5, 4, 2, 7\}$;$\gamma = 10$;$d = 60$;$\sigma_0$ 为 $1 < 2 < \cdots < 8$。

根据式(5.8)计算各连通联盟 T 对应的 λ_T,并由式 $v = \sum\limits_{T \subseteq N} \lambda_T u_T$ 计算各联盟的成本节省 $v(T)$,结果如表 5.1 所示。

表 5.1　各联盟 T 的成本节省

T	λ_T	$v(T)$	T	λ_T	$v(T)$	T	λ_T	$v(T)$	T	λ_T	$v(T)$
1,2	10	10	1,2,3	40	80	2,3,4,5	20	120	4,5,6,7,8	0	100
2,3	30	30	2,3,4	50	100	3,4,5,6	0	20	1,2,3,4,5,6	20	290
3,4	20	20	3,4,5	0	20	4,5,6,7	0	0	2,3,4,5,6,7	0	130
4,5	0	0	4,5,6	0	0	5,6,7,8	20	100	3,4,5,6,7,8	10	130
5,6	0	0	5,6,7	0	0	1,2,3,4,5	30	260	1,2,3,4,5,6,7	0	290
6,7	0	0	6,7,8	30	80	2,3,4,5,6	10	130	2,3,4,5,6,7,8	40	280
7,8	50	50	1,2,3,4	60	210	3,4,5,6,7	0	20	1,2,3,4,5,6,7,8	50	490

由表 5.1 可知,对于任意联盟 $T_1, T_2 \subset N$,且 $T_1 \bigcap T_2 = \varnothing$,均有 $v(T_1) + v(T_2) \leqslant v(T_1 \bigcup T_2)$;且对于任意工件 $i \in N$ 及任意联盟 $T_1 \subset T_2 \subseteq N \backslash \{i\}$,均有 $v(T_1 \bigcup \{i\}) - v(T_1) \leqslant v(T_2 \bigcup \{i\}) - v(T_2)$。这就验证了该博弈具有超可加性且为凸博弈。最大成本节省为 490,说明大联盟能带来最多的成本节省。最优调度 σ^* 为 $4 < 8 < 3 < 5 < 6 < 2 < 1 < 7$。

根据式(5.7)对省的成本进行分配,结果为 $\Phi(v) = (48.92, 93.30, 99.96, 71.64, 34.96, 33.96, 53.63, 53.63)$。显然 $\sum\limits_{i \in N} \Phi_i(v) = v(N) = 490$,说明大联盟所获得的成本节省按照 Shapley 值能够全部分配给所有客户;且对于任意联盟 T,$\sum\limits_{i \in T} \Phi_i(v) \geqslant v(T)$,从而说明 Shapley 值在核心中,按此方法分配成

本节省时没有客户愿意偏离大联盟。

对于一般的 FFSS 问题,由于各工件在各道工序上的加工时间可能不同,因此,不能保证存在一个最优调度是置换调度。

例 5.2　设 $(N, R, M, P, A, \gamma, d, \sigma_0)$ 为一个带交货期的 FFSS 问题,其中 $N = \{1, 2, 3, 4\}$;$R = \{1, 2\}$;$M = \{M_{1,1}, M_{1,2}, M_{2,1}\}$;各工件在第 1 道工序上的加工时间分别为 20、10、5、10,在第 2 道工序上的加工时间分别为 10、10、15、10;$A = \{1, 1, 1, 1\}$;$\gamma = 10$;$d = 15$。

根据客户先到先服务原则确定第 1 道工序的初始调度为 σ_0^1 为 $1 < 2 < 3 < 4$,若第二道工序的调度 $\sigma_0^2 = \sigma_0^1$,各工件加工过程如图 5.3 所示。

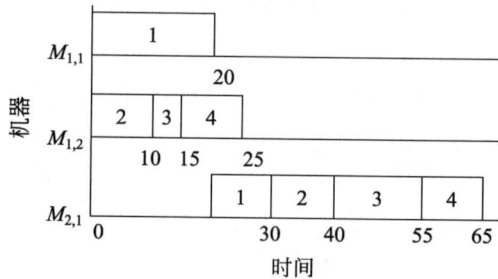

图 5.3　$\sigma_0^2 = \sigma_0^1$ 时工件调度甘特图

事实上,当 $\sigma_0^2 = \sigma_0^1$ 时,图 5.3 所示的调度方案并不是最合理的调度方案。若按照图 5.4 进行调度,此时 σ_0^2 为 $2 < 1 < 3 < 4$,不同于 σ_0^1,可以在不影响工件 1 完工时间的基础上减小工件 2、3、4 的完工时间,从而能够在不损害依照 σ_0^1 加工的工件利益的基础上降低总成本。

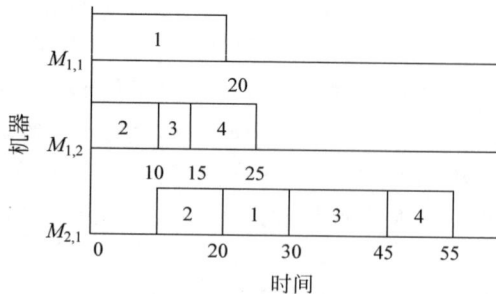

图 5.4　$\sigma_0^2 \neq \sigma_0^1$ 时工件调度甘特图

由此可见,对于一般的 FFSS 问题,按照每道工序采用相同加工顺序进行分析具有较大的局限性。

在例 5.2 中,考虑工件联盟 $\{2, 3\}$,当工件 2 和工件 3 交换加工顺序时,各工件加工情形如图 5.5 所示。此时，工件 4 的完工时间由 55 减少为 50，工件 1 的完工时间不变，说明联盟内工件改变加工顺序可能会对联盟外工件的完工时间产生影响，进而影响其成本。因此一般 FFSS 问题的合作博弈具有外部性。事实上，对于此类问题，可行调度及最优调度的确定也比较复杂，不能保证合作博弈的均衡性。

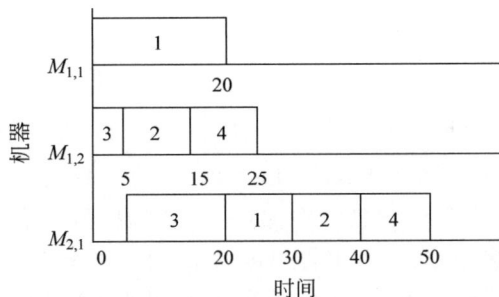

图 5.5　交换工件 2 和工件 3 调度顺序情形

5.6　本章小结

本章利用合作博弈理论重点研究了具有公共交货期的 FFSS-ODPT 问题。以工件为博弈方，以联盟的最大成本节省为联盟价值建立了具有特征函数的合作博弈模型。证明了带交货期的 FFSS-ODPT 问题的合作博弈为 σ_0-组可加博弈且为凸博弈，Shapley 值在博弈的核心中，并给出了 Shapley 值的简单计算形式。最后，通过算例验证了带交货期的 FFSS-ODPT 问题的合作博弈性质及成本分配方法的合理性，并分析了一般情形下的 FFSS 问题，其合作博弈具有外部性。

第6章　单台批处理机生产与运输
合作博弈调度

6.1　引言

钢铁生产过程中,均热是主要耗能阶段。铁水精炼后的钢水储存在钢包中,钢水浇铸后通过运输车运输,冷却后形成钢锭。脱模后的钢锭在等待运输过程中温度会降低,需要在均热炉中加热到一定温度,以满足初轧要求。均热炉一次可同时加工多个钢锭,若钢锭温度太低,则需要较长的均热时间,耗费更多的燃料,使生产效率下降。因此,对模铸-均热阶段进行研究对节约生产资源、提高生产效率具有现实意义。模铸-均热生产过程示意图如图 6.1 所示。均热炉是典型的批处理机,可同时加工多个工件,同一批中加热的工件需要相同的加热时间。因而,本章介绍从钢锭均热生产运输过程中提炼出批处理机调度与生产前运输的协调调度问题。

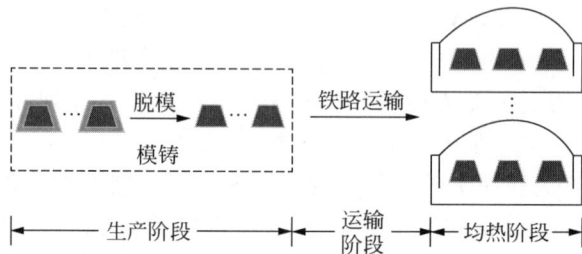

图 6.1　模铸-均热生产过程示意图

批处理机生产是指一台机器上一次可同时加工多个工件,通常有并行批处理机和串行批处理机两种机器类型。在并行批处理机上,一批工件的加工时间为批中工件的最大加工时间;在串行批处理机上,一批工件的加工时间为批中所有工件的加工时间之和。本章所研究的是并行批处理问题。对于带有运输的批处理机生产调度问题,目前已有很多学者根据不同生产运输特征及不同优化指标进行了研究,设计了启发式算法、数学规划、智能优化算法、机器学习等求解方法。

对于单台批处理机生产运输协调调度问题,Pei 等(2014)、宫华等(2017)分别针对加工时间与开始时间及延误时间有关的调度问题,设计启发式算法求解。Sung 和 Choung(2000)、Baptiste(2000)考虑工件动态到达,分别以最小化最大完工时间及最小化加权误工数为目标,设计分支定界算法及动态规划算法求解。Kong 等(2017)考虑工件带有交货期,以最小化转换时间和库存成本为目标,设计动态规划算法。Cheng 等(2015)考虑工件具有不同尺寸,以最小化生产成本与运输成本之和为目标,设计改进蚁群优化算法求解。薛梅和周志平(2016)、Liu(2011)分别针对单台批处理机生产前和生产后两阶段运输协调调度问题,设计改进离散粒子群算法及改进遗传算法进行求解。Jia 等(2019)针对多车并行批处理的生产协调调度问题,提出了一种确定性启发式算法和两种基于蚁群优化的混合元启发式算法进行求解。

以上关于单台批处理机生产运输协调调度问题的研究,均是从生产企业角度出发,综合考虑批处理生产及运输环境特点,根据工件特征,以最大完工时间、工件总成本、加权误工数等为目标函数,设计优化算法获取调度问题的(近似)最优调度方案,没有考虑客户之间存在的竞争和合作。本章在优化生产运输指标的前提下,从客户角度出发,考虑具有初始调度的客户可以通过合作在联盟内重新调度以减少总成本,利用合作博弈理论进行研究。

6.2　问题描述

本章研究的单台批处理机生产前运输协调调度问题描述如下:

有 n 个客户,每个客户有一个工件,需要通过运输车运输到批处理机上进行加工。$N=\{1,2,\cdots,n\}$ 为客户(工件)集合。一台运输车将仓库中的工件运输到批处理机后,返回仓库开始下一次运输,且一次只能运输一个工件。工件 $j(j \in N)$ 的运输时间为 t_j,运输车空车返回仓库时间为 t。工件在批处理机前的缓冲区组批后,由一台容量为 c 的批处理机负责加工,每批工件的加工时间为该批工件中加工时间的最大值。工件 j 的加工时间为 p_j,加工成本 $u(j)$ 为其在机器上完工时间 C_j 的线性加权,即 $u(j)=\omega_j C_j$,其中 ω_j 为工件 j 的成本系数。并且假设:①所有工件、运输车及批处理机均在零时刻可用;②工件的装卸及准备加工时间均包含在运输时间及加工时间中;③生产运输过程中有无限缓冲区;④运输车运输及批处理机加工过程中不允许中断。该问题的调度任务是确定工件在运输车上的运输顺序及批处理机上的加工批次,使总的加工成本最小。

记 T_j 为工件 j 运输完工时间,P_i、S_i、A_i 分别为第 i 批工件的加工时间、开始加工时间及完工时间,$b(b \in \{\lceil n/c \rceil,\cdots,n\})$ 为工件总批数,B_i 为第 i 批在

批处理机中加工的工件集合。考虑运输能力和批处理机生产特征等约束,以最小化所有工件的总成本为优化目标,建立混合整数规划模型。

目标函数:最小化工件总成本

$$\min Z = \sum_{j=1}^{n} u(j) = \sum_{j=1}^{n} \omega_j C_j \qquad (6.1)$$

约束条件:

$$\sum_{i=1}^{b} x_{j,i} = 1, \quad j = 1, 2, \cdots, n \qquad (6.2)$$

$$\sum_{j=1}^{n} x_{j,i} \leqslant c y_i, \quad i = 1, 2, \cdots, b \qquad (6.3)$$

$$\sum_{j=1}^{n} x_{j,i} \geqslant y_i, \quad i = 1, 2, \cdots, b \qquad (6.4)$$

$$y_i \geqslant y_{i+1} \quad i = 1, 2, \cdots, b-1 \qquad (6.5)$$

$$P_i = \max_{j \in N} \{ p_j x_{j,i} \}, \quad i = 1, 2, \cdots, b \qquad (6.6)$$

$$\sum_{i=1}^{b} \sum_{j=1}^{n} x_{j,i} = n \qquad (6.7)$$

$$S_1 = \sum_{j=1}^{n} (t_j + t) x_{j,1} - t \qquad (6.8)$$

$$S_i = \max \left\{ A_{i-1}, \sum_{k=1}^{i} \sum_{j=1}^{n} (t_j + t) x_{j,k} - t \right\}, \quad i > 1 \qquad (6.9)$$

$$A_i = S_i + P_i y_i \qquad (6.10)$$

$$C_j = \sum_{i=1}^{b} A_i x_{j,i} \qquad (6.11)$$

$$x_{j,i} = \begin{cases} 1, & \text{工件 } j \text{ 在第 } i \text{ 批中加工} \\ 0, & \text{其他} \end{cases}, \quad j = 1, 2, \cdots, n; i = 1, 2, \cdots, b \qquad (6.12)$$

$$y_i = \begin{cases} 1, & \text{批处理机正在加工第 } i \text{ 批工件} \\ 0, & \text{其他} \end{cases}, \quad i = 1, 2, \cdots, b \qquad (6.13)$$

其中,式(6.2)表示每个工件只能加工一次;式(6.3)、式(6.4)表示批处理机容量限制;式(6.5)可以保证空批有更高的批次索引;式(6.6)描述了每批工件的加工时间;式(6.7)可以保证所有工件均被加工;式(6.8)描述了第一批工件的开始加工时间;式(6.9)表示第 $i(i > 1)$ 批工件的开始加工时间为前一批工件的加工完成时间与第 i 批工件运输完成时间的最大值;式(6.10)和式(6.11)分别表示第 i 批工件的完工时间和工件 j 的完工时间;式(6.12)和式(6.13)描述了决策变量。

6.3　合作博弈建模

将 n 个客户看成 n 个博弈方,根据客户先到先服务原则,形成一个初始调度 σ_0($\sigma_0(j)=k$,表示工件 j 处于调度 σ_0 中第 k 个位置)。因此,具有初始调度的单台批处理机生产运输协调调度问题可用五元组 (N,T,P,ω,σ_0) 表示,其中, N 表示工件集合, $T=\{t_j\}_{j \in N}$ 为工件运输时间集, $P=\{p_j\}_{j \in N}$ 为工件加工时间集, $\omega=\{\omega_j\}_{j \in N}$ 为工件成本系数集。特别地,当工件的运输及加工时间满足 $t_j=t$, $p_j=p$, $j \in N$ 时,调度问题可用三元组 (N,ω,σ_0) 表示。

客户可通过合作形成联盟,并在联盟内调整工件的调度顺序使得总加工成本最小,从而带来成本节省。对于任意联盟 S($S \subseteq N$),为了公平起见,本章假设联盟内工件不能跳过联盟外工件交换调度顺序,且联盟内工件的重调度不能损害联盟外成员的利益,即不能增加联盟外成员加工成本。因此,联盟 S 的可行调度 σ 满足:① $S/\sigma_0=S/\sigma$; ② $C_j^{\sigma} \leqslant C_j^{\sigma_0}$, $\forall j \in N \backslash S$。 联盟 S 的所有可行调度集记作 Π_S,大联盟的可行调度集为 Π_N。

设 (N,T,P,ω,σ_0) 为一个单台批处理机生产运输协调调度问题,构建其对应的合作博弈模型为 (N,v),其中,

$$v(S) = \max_{\sigma \in \Pi_S} \sum_{j \in N} \omega_j (C_j^{\sigma_0} - C_j^{\sigma}) \tag{6.14}$$

式中, C_j^{σ} 表示工件 j 对应于调度顺序 σ 时的完工时间; $v(S)$ 表示联盟 S 通过合作得到的最大总成本节省,即为初始调度总成本与联盟 S 最优调度总成本的差值。在该博弈模型中,由联盟 S 内工件重调度给联盟外工件带来的成本节省也一并转移给联盟 S 的成员。

6.4　调度问题 (N,ω,σ_0) 的合作博弈

在单台批处理机生产运输协调调度问题 (N,ω,σ_0) 中,各工件具有相同的运输时间及加工时间,即 $t_j=t$, $p_j=p$, $j \in N$。 在确定工件调度顺序后,还需确定如何分批。LOE 分批规则是指前 $(\lceil n/c \rceil - 1)$ 批均为满批,每批中包含 c 个工件,剩余 $[n - (\lceil n/c \rceil - 1)c]$ 个工件在最后一批加工。本节按照 LOE 规则对工件进行分批,可降低机器负载,减少机器对资源的消耗。

当调度顺序为 σ 时,工件 j($j \in N$)的运输完成时间 T_j、完工时间 C_j 如式(6.15)、式(6.16)所示。

$$T_j = (2\sigma(j) - 1)t \tag{6.15}$$

$$C_j = T_j + p\lceil \sigma(j)/c \rceil \tag{6.16}$$

其中工件 j 在批处理机上的加工批次为 $\lceil \sigma(j)/c \rceil$。

　　由于各工件的运输及加工时间相同,交换任意两个工件的调度顺序不会影响联盟外工件的完工时间。此外,工件的成本为完工时间的线性加权,而完工时间取决于工件在调度顺序中的位置。从而易得,对于调度问题 (N,ω,σ_0),按最大成本系数优先(highest cost factor first,HCFF)规则,即工件成本系数非增序排列得到的调度为问题的最优调度。

6.4.1　合作博弈性质分析

　　当工件结成联盟 S 后,可以在联盟内交换工件调度顺序以降低总加工成本。对于调度问题 (N,ω,σ_0),由于工件的成本仅与其在调度顺序中的位置有关,联盟 S 内工件交换顺序不影响联盟外工件的成本,因此合作博弈 (N,v) 的特征函数可以表示为

$$v(S) = \max_{\sigma \in \Pi_S} \sum_{j \in S} \omega_j (C_j^{\sigma_0} - C_j^{\sigma}) \tag{6.17}$$

从而易知调度问题 (N,ω,σ_0) 的合作博弈无外部性。联盟 S 的最优调度 σ_S 可以通过将 S 内工件按照成本系数非增序排序(HCFF 规则),S 外工件调度顺序同 σ_0 得到。

　　性质 6.1　设 (N,v) 为一个单台批处理机生产运输协调调度问题 (N,ω,σ_0) 的合作博弈,则 (N,v) 具有超可加性。

　　证明:设联盟 $S,\bar{S} \subset N, S \cap \bar{S} = \varnothing$,联盟 $S,\bar{S}$ 的最优调度分别为 $\sigma_S, \sigma_{\bar{S}}$,则

$$\begin{aligned}
v(S) + v(\bar{S}) &= \sum_{j \in S} \omega_j (C_j^{\sigma_0} - C_j^{\sigma_S}) + \sum_{j \in \bar{S}} \omega_j (C_j^{\sigma_0} - C_j^{\sigma_{\bar{S}}}) \\
&= \sum_{j \in (S \cup \bar{S})} \omega_j (C_j^{\sigma_0} - C_j^{\sigma'_{(S \cup \bar{S})}})
\end{aligned}$$

其中,$\sigma'_{(S \cup \bar{S})}$ 中联盟 S 及联盟 $\bar{S}$ 内工件的调度顺序分别与 σ_S 及 $\sigma_{\bar{S}}$ 内对应工件的调度顺序相同,联盟 S 及联盟 $\bar{S}$ 外工件的调度顺序与初始调度 σ_0 相同。以 $\Pi_{(S \cup \bar{S})}$ 表示联盟 $S \cup \bar{S}$ 的所有可行调度集合,显然 $\sigma'_{(S \cup \bar{S})} \in \Pi_{(S \cup \bar{S})}$。

　　因此

$$\begin{aligned}
v(S) + v(\bar{S}) &= \sum_{j \in (S \cup \bar{S})} \omega_j (C_j^{\sigma_0} - C_j^{\sigma'_{(S \cup \bar{S})}}) \\
&\leqslant \max_{\sigma \in \Pi_{(S \cup \bar{S})}} \sum_{j \in (S \cup \bar{S})} \omega_j (C_j^{\sigma_0} - C_j^{\sigma}) = v(S \cup \bar{S})
\end{aligned}$$

　　综上可知,调度问题 (N,ω,σ_0) 的合作博弈 (N,v) 具有超可加性。　　□

性质 6.2　设 (N,v) 为一个单台批处理机生产运输协调调度问题 (N,ω,σ_0) 的合作博弈，则 (N,v) 是 σ_0-组可加博弈。

证明：(1) $\forall j \in N$ 显然满足 $v(\{j\})=0$；

(2) 由性质 6.1 知，(N,v) 满足超可加性；

(3) $\forall S \subseteq N, \widetilde{T} \in S/\sigma_0 = \{\widetilde{T}_1, \widetilde{T}_2, \cdots, \widetilde{T}_{|S/\sigma_0|}\}$，由于合作博弈无外部性，因此

$$v(S) = \max_{\sigma \in \Pi_S} \sum_{j \in S} \omega_j (C_j^{\sigma_0} - C_j^\sigma)$$

$$= \max_{\sigma_1 \in \Pi_{\widetilde{T}_1}} \sum_{j \in \widetilde{T}_1} \omega_j (C_j^{\sigma_0} - C_j^{\sigma_1}) + \cdots$$

$$+ \max_{\sigma_{|S/\sigma_0|} \in \Pi_{\widetilde{T}_{|S/\sigma_0|}}} \sum_{j \in \widetilde{T}_{|S/\sigma_0|}} \omega_j \left(C_j^{\sigma_0} - C_j^{\sigma_{|S/\sigma_0|}}\right)$$

$$= v(\widetilde{T}_1) + v(\widetilde{T}_2) + \cdots + v(\widetilde{T}_{|S/\sigma_0|}) = \sum_{\widetilde{T} \in S/\sigma_0} v(\widetilde{T})$$

故合作博弈 (N,v) 是 σ_0-组可加博弈。　　　　　　　　　　　□

6.4.2　合作博弈成本节省分配

由合作博弈的超可加性可知，所有工件结盟后通过交换调度顺序可以减少总成本，从而获得一定的成本节省。大联盟能否稳定还取决于对获得的成本节省分配是否公平合理，能否保证工件不偏离大联盟。本章利用 β 规则(Curiel et al.，1994)按式(6.18)对成本节省进行分配。

$$\beta_j(v) = \frac{1}{2}\left[v(\overline{F}(\sigma,j)) - v(F(\sigma,j))\right] + \frac{1}{2}\left[v(\overline{L}(\sigma,j)) - v(L(\sigma,j))\right]$$

$$(6.18)$$

其中，$F(\sigma,i) = \{j \in N \mid \sigma(j) < \sigma(i)\}$ 为 i 的前序集，$\overline{F}(\sigma,i) = F(\sigma,i) \bigcup \{i\}$；$L(\sigma,i) = \{j \in N \mid \sigma(j) > \sigma(i)\}$ 为 i 的后序集，$\overline{L}(\sigma,i) = L(\sigma,i) \bigcup \{i\}$。

性质 6.3　设 (N,v) 为一个单台批处理机生产运输协调调度问题 (N,ω,σ_0) 的合作博弈，$\boldsymbol{\beta}(v) = (\beta_1(v), \beta_2(v), \cdots, \beta_n(v))$ 是基于 β 规则得到的分配，则 $\boldsymbol{\beta}(v) \in C(v)$。

证明：不妨假设工件初始调度 $\sigma_0(i) = i, i \in N$，则 $\overline{F}(\sigma_0,n) = N = \overline{L}(\sigma_0,1)$，$\overline{F}(\sigma_0,j-1) = F(\sigma_0,j), L(\sigma_0,j-1) = \overline{L}(\sigma_0,j)$。大联盟 N 中所有工件成本分配之和为

$$\sum_{j \in N} \beta_j(v) = \frac{1}{2} \left[v(\bar{F}(\sigma_0, 1)) - v(F(\sigma_0, 1)) \right] +$$

$$\frac{1}{2} \left[v(\bar{L}(\sigma_0, 1)) - v(L(\sigma_0, 1)) \right] + \cdots +$$

$$\frac{1}{2} \left[v(\bar{F}(\sigma_0, n)) - v(F(\sigma_0, n)) \right] + \frac{1}{2} \left[v(\bar{L}(\sigma_0, n)) - v(L(\sigma_0, n)) \right]$$

$$= \frac{1}{2} v(\bar{F}(\sigma_0, n)) + \frac{1}{2} v(\bar{L}(\sigma_0, 1)) = \frac{1}{2} v(N) + \frac{1}{2} v(N) = v(N)$$

因此大联盟获得的成本节省 $v(N)$ 按照 β 规则全部分配给联盟内工件。

又因为，$\forall S \subset N, \tilde{T} \in S/\sigma_0 = \{\tilde{T}_1, \tilde{T}_2, \cdots, \tilde{T}_{|S/\sigma_0|}\}$，令 f, l 分别为联盟 $\tilde{T}$ 中第一个和最后一个工件序号，则参与联盟的工件分配到的收益之和为

$$\sum_{j \in S} \beta_j = \sum_{\tilde{T} \in S/\sigma_0} \sum_{j \in \tilde{T}} \left\{ \frac{1}{2} \left[v(\bar{F}(\sigma_0, j)) - v(F(\sigma_0, j)) \right] + \right.$$

$$\left. \frac{1}{2} \left[v(\bar{L}(\sigma_0, j)) - v(L(\sigma_0, j)) \right] \right\}$$

$$= \sum_{\tilde{T} \in S/\sigma_0} \left\{ \frac{1}{2} \left[v(\bar{F}(\sigma_0, l)) - v(F(\sigma_0, f)) \right] + \right.$$

$$\left. \frac{1}{2} \left[v(\bar{L}(\sigma_0, f)) - v(L(\sigma_0, l)) \right] \right\}$$

利用 (N, v) 的超可加性，得

$$v(\bar{F}(\sigma_0, l)) - v(F(\sigma_0, f)) \geqslant v(\tilde{T}), \quad v(\bar{L}(\sigma_0, f)) - v(L(\sigma_0, l)) \geqslant v(\tilde{T})$$

又因为 (N, v) 为 σ_0-组可加博弈，因此

$$\sum_{j \in S} \beta_j \geqslant \sum_{\tilde{T} \in S/\sigma_0} \left[\frac{1}{2} v(\tilde{T}) + \frac{1}{2} v(\tilde{T}) \right] = \sum_{\tilde{T} \in S/\sigma_0} v(\tilde{T}) = v(S)$$

综上可知，基于 β 规则的成本分配在合作博弈 (N, v) 的核心中，即 $\boldsymbol{\beta}(v) \in C(v)$。 □

6.4.3　算例仿真及分析

本节通过例 6.1 分析调度问题 (N, ω, σ_0) 的合作博弈性质及成本节省分配方法的合理性。

例 6.1　设 (N, ω, σ_0) 为一个具有相同运输及加工时间的单台批处理机生产运输协调调度问题。其中，$N = \{1, 2, \cdots, 5\}$，$\omega = \{2, 5, 6, 7, 8\}$，$c = 2$，$t = 1$，$p = 1$，$\sigma_0$ 为 $1 < 2 < 3 < 4 < 5$。

(N, ω, σ_0) 的最优调度由 HCFF 规则确定，按照 LOE 分批规则得到初始

调度下工件的总成本为 212。由式(6.17)计算各连通联盟的最大成本节省,结果如表 6.1 所示。

表 6.1　各连通联盟的成本节省

联盟 S	成本节省 $v(S)$	联盟 S	成本节省 $v(S)$
1,2	0	2,3,4	8
2,3	4	3,4,5	4
3,4	0	1,2,3,4	24
4,5	2	2,3,4,5	18
1,2,3	16	1,2,3,4,5	44

由表 6.1 的结果可知,合作博弈具有超可加性。大联盟 N 能够获得的最大成本节省为 44,利用 β 规则对各工件分配的成本节省值为 $\boldsymbol{\beta}(v)=(13,7,9,5,10)$,显然 $\sum_{j \in N} \beta_j(v)=44$,且对于每个连通联盟 $S \subset N$ 均有 $\sum_{j \in S} \beta_j \geqslant v(S)$,说明按照 β 规则得到的分配在合作博弈的核心中。

6.5　调度问题(N,T,P,ω,σ_0)的合作博弈

本节利用合作博弈理论研究一般的单台批处理机生产运输协调调度问题。对于调度问题 (N,T,P,ω,σ_0),工件形成初始调度 $\sigma_0(\sigma_0(i)=i,i \in N)$。若工件之间不能形成合作,则按初始调度排序,此时各工件均以最大化自身利益为目标,因此当批处理机空闲时,轮到加工工件被立即加工,不会等待其他工件。若工件能够合作形成联盟,需求出联盟最优调度,进而计算联盟特征值。在调度问题 (N,T,P,ω,σ_0) 中,由于工件具有不同的运输时间和加工时间,因此该类问题是 NP-难的。本节首先将调度问题转化为马尔可夫决策过程,再通过设计强化学习 Q-learning 算法求解联盟最优调度及最大成本节省,并根据工件对其前序集和后序集的边际贡献分配成本节省。

6.5.1　调度问题的转化

Q-learning 算法求解调度问题 (N,T,P,ω,σ_0) 的关键是将问题转化为马尔可夫决策过程,并定义批处理机生产运输协调调度系统各时刻的状态特征、动作特征和奖励函数。状态特征用来描述系统的整体和局部信息,能及时反映系统变化;动作特征表示在当前状态下智能体可以执行的动作;奖励函数用来

反映动作的即时影响。强化学习的目标是累积奖励最大。智能体与单台批处理机生产前运输环境交互过程如图 6.2 所示。

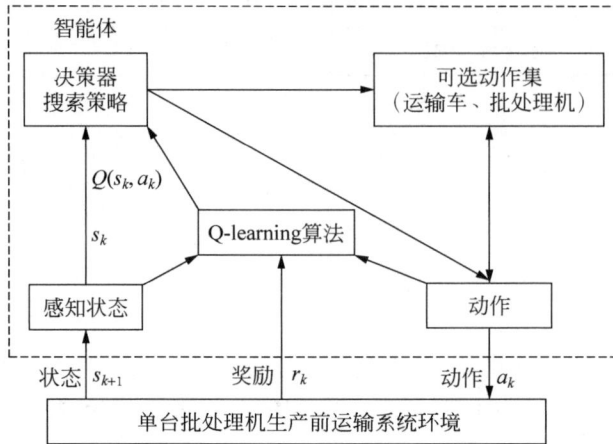

图 6.2 智能体与单台批处理机生产前运输环境交互过程

1. 状态特征

状态特征主要描述批处理机生产前运输协调调度过程中系统环境的主要特点和变化,通过运输车、工件和批处理机的状态变化来反映。触发系统状态转移的事件包括工件到达批处理机前、运输车运输完成空车返回和批处理机加工完一批工件。为了易于计算,定义的状态特征一般是归一化的数值表征。对于调度问题 (N,T,P,ω,σ_0),共定义 11 种状态特征,$n+10$ 个状态分量。其中,运输车状态特征有 4 种,$f_{1,k}$ 表示运输车的第 $k(k \in \{1,2,3,4\})$ 个状态分量;批处理机状态特征有 6 种,$f_{2,k}$ 表示批处理机的第 $k(k \in \{1,2,3,4,5,6\})$ 个状态分量;工件状态特征有 1 种,$f_{j+2,1}$ 表示工件 $j(j \in \{1,2,\cdots,n\})$ 的状态。各状态特征定义如下。

状态特征 1 描述运输车运输工件情况。

$$f_{1,1} = \begin{cases} j/n, & \text{运输车正在运输工件 } j \\ 0, & \text{运输车空车返回} \\ -1, & \text{运输车空闲(运输完全部工件)} \end{cases}$$

状态特征 2 描述在运输车前等待运输的工件数量。

$$f_{1,2} = \frac{|Q_V|}{n}$$

其中 Q_V 表示运输车前等待运输的工件序列,$|Q_V|$ 即为等待序列中的工件数量。

状态特征 3　描述运输时间最长的工件是否在 Q_V 中。

$$f_{1,3} = \begin{cases} 0, & \text{工件} \underset{j \in N}{\arg\max}\{t_j\} \text{ 不在 } Q_V \text{ 中} \\ 1, & \text{工件} \underset{j \in N}{\arg\max}\{t_j\} \text{ 在 } Q_V \text{ 中} \end{cases}$$

状态特征 4　描述运输时间最短的工件是否在 Q_V 中。

$$f_{1,4} = \begin{cases} 0, & \text{工件} \underset{j \in N}{\arg\min}\{t_j\} \text{ 不在 } Q_V \text{ 中} \\ 1, & \text{工件} \underset{j \in N}{\arg\min}\{t_j\} \text{ 在 } Q_V \text{ 中} \end{cases}$$

状态特征 5　描述批处理机加工工件批次信息。

$$f_{2,1} = \begin{cases} 0, & \text{批处理机空闲} \\ 1/i, & \text{批处理机正在加工第 } i \text{ 批工件} \end{cases}$$

状态特征 6　描述批处理机前等待加工工件数量。

$$f_{2,2} = \frac{|Q_M|}{n}$$

其中 Q_M 表示批处理机前等待加工工件序列，$|Q_M|$ 即为序列 Q_M 中工件的数量。

状态特征 7　描述 t 时刻，批处理机加工第 i 批工件的剩余时间与所有工件加工时间最大值之比。

$$f_{2,3} = \frac{t - S_i}{\max_{j \in N}\{p_j\}}$$

状态特征 8　描述序列 Q_M 中加工时间最大值与所有工件加工时间最大值之比。

$$f_{2,4} = \frac{\max_{j \in Q_M}\{p_j\}}{\max_{j \in N}\{p_j\}}$$

状态特征 9　描述序列 Q_M 中加工时间最小值与所有工件加工时间最大值之比。

$$f_{2,5} = \frac{\min_{j \in Q_M}\{p_j\}}{\max_{j \in N}\{p_j\}}$$

状态特征 10　描述序列 Q_M 中工件的平均加工时间与所有工件的平均加工时间之比。

$$f_{2,6} = \frac{\sum_{j \in Q_M} p_j}{|Q_M|} \cdot \frac{n}{\sum_{j=1}^{n} p_j}$$

状态特征 11 描述 n 个工件状态。

$$f_{j+2,1} = \begin{cases} 0, & \text{工件 } j \text{ 等待运输} \\ 1, & \text{工件 } j \text{ 正在被运输} \\ -1, & \text{工件 } j \text{ 在机器前缓冲区等待加工}, \quad j=1,2,\cdots,n \\ 1/2, & \text{工件 } j \text{ 正在批处理机上加工} \\ -1/2, & \text{工件 } j \text{ 加工完成} \end{cases}$$

以上状态特征包含了在 t 时刻运输车、批处理机和工件的信息。

2. 动作特征

在不同状态下,智能体的动作决定了运输车上工件的运输顺序及批处理机上工件的加工批次。本节根据专家经验和已有的调度规则定义智能体的动作特征。由于调度问题 $(N, T, P, \omega, \sigma_0)$ 的调度过程分为运输、生产两部分,因此将智能体动作分为运输车的动作和批处理机的动作两类。智能体根据运输车及批处理机当前状态选择相应的动作,确定运输车优先运输的工件及在批处理机上加工工件的集合。

(1)运输车动作

动作 1(V1):最短运输时间优先规则,按照等待运输工件的运输时间非降序排列,优先选择运输时间短的工件。

动作 2(V2):最长运输时间优先规则,按照等待运输工件的运输时间非增序排列,优先选择运输时间长的工件。

动作 3(V3):最大成本系数优先规则,按照等待运输工件的成本系数非增序排列,优先选择成本系数大的工件。

动作 4(不选择工件):当运输车正在运输工件、运输车返回或仓库中所有工件都已完成运输时,不选择工件。

(2)批处理机动作

批处理机动作的目的是从等待加工的工件集合 Q_M 中选出 J 个工件进行加工,其中 $J = \min(c, |Q_M|)$,定义批处理机动作如下。

动作 1(FCFS):先来先服务规则,按照工件到达批处理机前的顺序选择 J 个工件放入批中。

动作 2(SPT):最短加工时间优先规则,将序列 Q_M 中工件按照加工时间非降序排列,选择 J 个工件放入批中。

动作 3(LPT):最长加工时间优先规则,将序列 Q_M 中工件按照加工时间非增序排列,选择 J 个工件放入批中。

动作 4(FB):满批规则,按照工件到达顺序,从序列 Q_M 中选择 c 个工件放入批中,构成满批。

动作 5（不选择工件）：批处理机正在加工工件、所有工件均加工完成时，不选择工件。

3. 奖励函数

奖励函数描述动作的即时奖励，反映智能体在当前状态下选择动作的即时效果，累积奖励反映智能体选择动作的长期效果，表征目标函数的大小。$(N, T, P, \omega, \sigma_0)$ 问题的优化目标为最小化所有工件总成本，因此定义表示工件状态的示性函数为

$$\delta_j(t) = \begin{cases} 0, & \text{工件 } j \text{ 在时刻 } t \text{ 完成加工} \\ -1, & \text{否则} \end{cases} \tag{6.19}$$

一次状态转移获得的奖励为

$$r_k = \sum_{j=1}^{n} \int_{t_{k-1}}^{t_k} \omega_j \delta_j(t) \mathrm{d}t \tag{6.20}$$

其中，t_k 表示第 k 个决策时刻，r_k 表示系统在时刻 t_{k-1} 执行动作后转移到时刻 t_k 的状态 s_k 时获得的奖励。

从而累积奖励 R 满足

$$R = \sum_{k=1}^{K} r_k = \sum_{k=1}^{K} \sum_{j=1}^{n} \int_{t_{k-1}}^{t_k} \omega_j \delta_j(t) \mathrm{d}t = \sum_{j=1}^{n} \sum_{k=1}^{K} \int_{t_{k-1}}^{t_k} \omega_j \delta_j(t) \mathrm{d}t$$

$$= \sum_{j=1}^{n} \int_{0}^{C_j} \omega_j \delta_j(t) \mathrm{d}t = \sum_{j=1}^{n} -\omega_j C_j$$

其中 K 为一次迭代时间内决策时刻的数量。可知累积奖励越大，工件的总成本越小，即最小化所有工件的总成本等价于最大化累积奖励。

6.5.2　Q-learning 算法求解联盟最优调度

采用 ε 贪婪策略选择动作，$Q(s, a)$ 为状态 s 下选择动作 a 的值函数。以 ε 的概率探索环境信息，随机选择动作；以 $1-\varepsilon$ 的概率利用环境信息，在当前状态下选择使 $Q(s, a)$ 最大的动作，状态 s 下智能体的动作集 $A(s)$ 如式（6.21）所示。

$$A(s) = \begin{cases} \text{随机动作}, & P_a = \varepsilon \\ \underset{a}{\arg\max} \, Q(s, a), & P_a = 1 - \varepsilon \end{cases} \tag{6.21}$$

本节采用基于值函数逼近的 Q-learning 算法求解各联盟的最大成本节省。通过引入线性函数泛化器改进 Q-learning 算法，将 $Q(s, a)$ 用一组基函数的线性组合表示，$Q(s, a)$ 更新公式如式（6.22）所示。

$$Q(s, a) = \sum_{k=1}^{n+10} \eta_k^a \phi_k(s) \tag{6.22}$$

其中，$\eta_k^a(1 \leqslant k \leqslant n+10, 1 \leqslant a \leqslant 20)$ 表示在当前状态下选择联合动作 a 的基函数权重，权重向量 $\boldsymbol{\eta}^a = (\eta_1^a, \eta_2^a, \cdots, \eta_{n+10}^a)$；$\phi_k(s)(1 \leqslant k \leqslant n+10)$ 表示线性基函数，正规化基函数如式(6.23)所示。

$$\phi_k(s) = \begin{cases} f_{1,k}, & 1 \leqslant k \leqslant 4 \\ f_{2,k-4}, & 5 \leqslant k \leqslant 10 \\ f_{k-8,1}, & 11 \leqslant k \leqslant n+10 \end{cases} \tag{6.23}$$

线性函数泛化器通过不断更新基函数权重 $\boldsymbol{\eta}^a$ 来更新 $Q(s,a)$ 的值，一般采用梯度下降法来调整基函数的权重。状态 s_k 时的权重更新过程如式(6.24)～式(6.26)所示。

$$E(a_k) = \lambda E(a_k) + \nabla_{\eta_k^a} Q(s_k, a_k) \tag{6.24}$$

$$\delta(a_k) = r(s_k, a_k, s_{k+1}) + \gamma \max_{a_{k+1} \in A(s_{k+1})} Q(s_{k+1}, a_{k+1}) - Q(s_k, a_k) \tag{6.25}$$

$$\eta^{a_k} = \eta^{a_k} + \alpha\delta(a_k)E(a_k) \tag{6.26}$$

单台批处理机生产车间 Q-learning 算法运行模拟如图 6.3 所示。

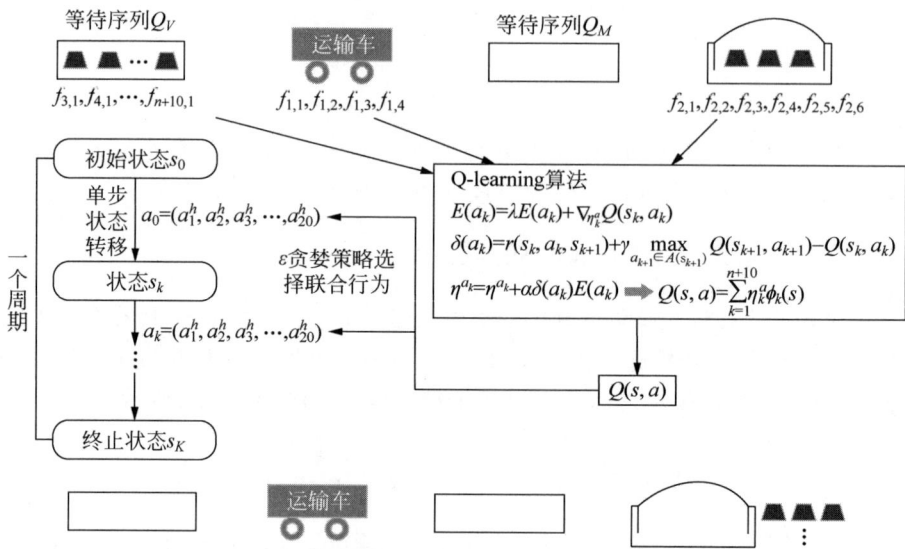

图 6.3　单台批处理机生产车间 Q-learning 算法运行模拟

基于线性值函数逼近的 Q-learning 算法步骤如下。

步骤 1：初始化调度问题及算法参数。

调度问题参数包括工件数量 n、工件加工时间 P、成本系数 ω、工件运输时

间 T、运输车空车返回时间 t 和批处理机容量 c。Q-learning 算法的参数为：学习率 α、折扣因子 γ、贪婪因子 ε、衰减率 λ，基函数权重 $\boldsymbol{\eta}^a = (1,1,1,\cdots,1)_{n+10}^{\mathrm{T}}$，联合动作 a 资格迹 $\boldsymbol{E}(a) = (0,0,0,\cdots,0)_{n+10}^{\mathrm{T}}$，最大迭代次数 MI。令当前迭代次数 It＝1。

步骤 2：设置初始时刻 t_0 及初始状态 s_0，初始化基函数。

步骤 3：确定当前状态可选动作集合，基于 ε 贪婪策略选择动作并执行。

步骤 4：根据所选动作计算奖励，确定下一决策时刻，更新状态。判断批处理机上是否有工件加工完成，若有，记录其完工时间和成本。

步骤 5：更新基函数权重 $\boldsymbol{\eta}^a$ 及 $Q(s,a)$。

步骤 6：判断批处理机是否加工完所有工件，若是，执行步骤 7；否则，返回步骤 3。

步骤 7：判断是否满足 It＞MI，若是输出最优调度，算法终止，否则令 It＝It＋1，返回步骤 2。

Q-learning 算法流程图如图 6.4 所示。

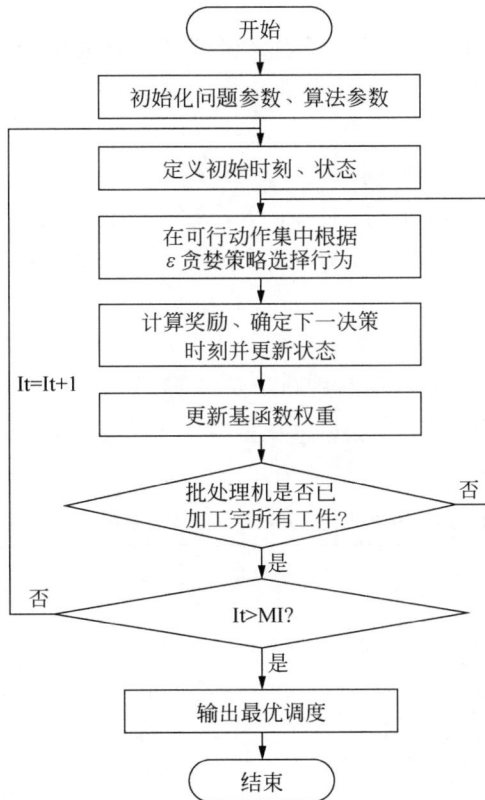

图 6.4　Q-learning 算法流程图

6.5.3　算例仿真及分析

本章实验程序采用 Python 语言编写,在 JetBrains PyCharm Community Edition 2018.3.3 软件上运行。计算机安装内存为 4.00GB,处理器为 Intel(R) Core(TM) i5-6200U CPU @2.30GHz。

实验参数设置:调度问题参数服从均匀分布,其中工件的运输时间 $t_j \sim U[5,15]$,加工时间 $p_j \sim U[1,50]$,成本系数 $\omega_j \sim U[1,5]$,运输车返回时间 $t \sim U[1,10]$,批处理机容量 $c \sim U[1,10]$。

首先利用四因素三水平正交试验法确定 Q-learning 算法参数 $\alpha, \lambda, \gamma, \varepsilon$。在该实验中,MI=500,$n=50$,$c=2$,$t=3$,参数 $\alpha, \lambda, \gamma, \varepsilon$ 的初始水平分别为 $(0.01, 0.08, 0.1, 0.1)$,$(0.02, 0.1, 0.3, 0.15)$,$(0.03, 0.15, 0.5, 0.2)$。选用 $L_9(3^4)$ 正交表,对各参数进行交换,分别得到参数取值为 $\alpha = 0.02$,$\lambda = 0.08$,$\gamma = 0.5$,$\varepsilon = 0.15$。

1. Q-learning 算法的性能分析

为验证 Q-learning 算法求解联盟最优调度的有效性和稳定性,对不同规模的调度问题进行实验研究。工件数量 n 分别取 15、30、40、50、70、100,最大迭代次数 MI 为 500。

启发式规则由运输车规则和批处理机规则两部分组成,对比不同启发式规则与 Q-learning 算法得到的工件总成本,结果如表 6.2 所示。由表 6.2 可知,对于不同规模的调度问题,Q-learning 算法与启发式规则相比,得到的调度方案总成本均最低。其中,总成本最少降低了 6.8%,最多降低了 62.42%,且相比于启发式规则的平均值降低了 42.07%。实验结果表明:与启发式规则相比,Q-learning 算法在求解单台批处理机生产运输协调调度问题时,可得到较优的调度方案。因此,本章利用 Q-learning 算法求解联盟内工件的最优调度方案,以获得最大成本节省。

表 6.2　启发式规则与 Q-learning 算法获得的工件总成本

规则	总成本 $\sum\limits_{j \in N} \omega_j C_j$					
	$n=15$	$n=30$	$n=40$	$n=50$	$n=70$	$n=100$
V1-FCFS	6752	18 881	32 356	51 631	93 401	181 019
V1-SPT	6690	18 897	32 328	51 542	93 396	181 505
V1-LPT	6812	18 881	32 356	52 879	93 402	180 998

续表

规则	总成本 $\sum\limits_{j \in N} \omega_j C_j$					
	$n = 15$	$n = 30$	$n = 40$	$n = 50$	$n = 70$	$n = 100$
V1-FB	6752	18 881	32 356	51 631	93 401	181 019
V2-FCFS	12 914	37 985	63 349	94 169	191 987	368 470
V2-SPT	12 517	36 645	61 623	91 733	187 008	364 131
V2-LPT	12 914	37 641	62 932	93 434	190 614	366 851
V2-FB	12 514	37 985	63 349	94 169	191 987	368 470
V3-FCFS	12 921	37 872	63 630	91 851	189 285	356 941
V3-SPT	12 517	36 645	61 623	91 617	186 892	359 659
V3-LPT	12 914	37 641	62 932	89 983	185 597	348 943
V3-FB	12 921	37 872	63 630	91 851	189 285	356 941
Q-learning	6234	15 563	27 912	38 164	75 842	138 438

2. 基于合作博弈求解调度问题的结果分析

考虑调度问题 $(N, T, P, \omega, \sigma_0)$。设置工件数量 $n = 15$，$c = 2$，$t = 3$，按照客户订单顺序确定工件的初始调度 $\sigma_0 (\sigma_0(i) = i)$。当客户未形成合作时，均以最大化自身利益为目标。因此，运输阶段按照初始调度 σ_0 运输工件，完成运输后，只要批处理机空闲便立即加工。此时，即使批处理机未满批，也不会等待其他工件组批加工。初始调度下工件相关信息如表 6.3 所示，初始调度甘特图如图 6.5 所示。

表 6.3　初始调度下工件相关信息

工件信息	初始调度
运输车运输工件顺序	1，2，3，4，5，6，7，8，9，10，11，12，13，14，15
批处理机加工工件顺序	[1]，[2，3]，[4，5]，[6，7]，[8，9]，[10，11]，[12，13]，[14，15]
工件完工时间	43，76，76，124，124，173，173，202，202，222，222，249，249，295，295
工件成本	129，152，228，124，496，346，692，202，606，444，222，747，747，1180，1180
总成本	7495

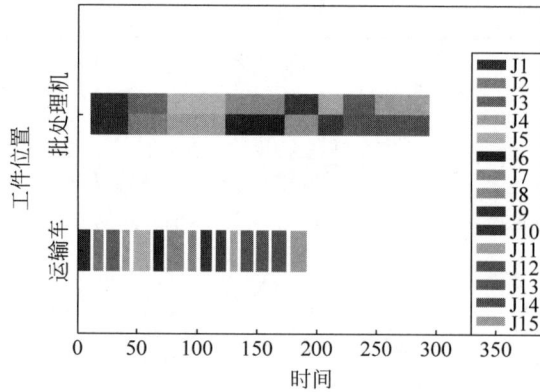

图 6.5　工件初始调度甘特图

当工件合作结成联盟时，利用 Q-learning 算法求解各联盟最优调度，得到联盟的最大成本节省值。其中，大联盟最优调度下工件相关信息如表 6.4 所示，最优调度甘特图如图 6.6 所示。

表 6.4　大联盟最优调度下工件相关信息

工件信息	大联盟最优调度
运输车运输工件顺序	1，5，7，3，9，12，13，2，10，6，4，8，11，14，15
批处理机加工工件顺序	[1]，[5，7]，[3，9]，[12，13]，[2，10]，[6，4]，[8，11]，[14，15]
工件完工时间	43，94，94，127，127，154，154，174，174，191，191，203，203，249，249
工件成本	129，376，376，381，381，462，462，348，348，382，191，203，203，996，996
总成本	6234

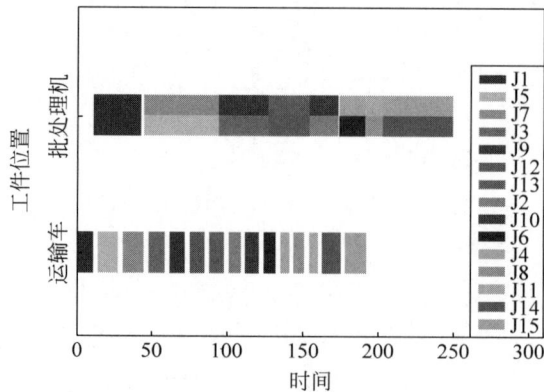

图 6.6　大联盟最优调度甘特图

因此,大联盟的成本节省为 754。Q-learning 算法得到的各连通联盟的成本节省如表 6.5 所示。表中联盟 $\{a\text{-}b\}$ 表示从 a 到 b 的连通集,如联盟 $\{2\text{-}7\}$ 表示连通联盟 $\{2,3,4,5,6,7\}$。

由表 6.5 可知,由于 $v\{1,2\}+v\{3,4\}<v\{1,2,3,4\}$,因此,调度问题 (N,T,P,ω,σ_0) 的合作博弈不一定具有超可加性。但由于联盟越大可行调度集也会越大,因此,由合作博弈 (N,v) 的特征函数定义可知,对于单台批处理机生产协调调度的一般问题 (N,T,P,ω,σ_0),其合作博弈一定满足单调性。

根据式(6.18),利用 β 规则对节省成本进行分配,各工件分配值 $\boldsymbol{\beta}(v)=(0,134,57.5,116,281.5,274,74,47.5,216.5,19.5,39,0,1.5,0,0)$。 显然 $\sum\limits_{j\in N}\beta_j(v)=1261$,且 $\beta_j(v)\geqslant v(\{j\})=0$,说明利用 β 规则得到的成本分配是一种有效分配,满足集体理性和个体理性。

表 6.5　各连通联盟的成本节省

联盟	$v(S)$	联盟	$v(S)$	联盟	$v(S)$	联盟	$v(S)$	联盟	$v(S)$
1,2	265	8-10	148	4-8	894	4-10	894	1-10	1180
2,3	0	9-11	146	5-9	894	5-11	894	2-11	1258
3,4	422	10-12	0	6-10	297	6-12	357	3-12	1108
4,5	0	11-13	0	7-11	297	7-13	336	4-13	1143
5,6	894	12-14	0	8-12	162	8-14	281	5-14	1068
6,7	0	13-15	0	9-13	186	9-15	186	6-15	505
7,8	297	1-4	422	10-14	39	1-8	894	1-11	1258
8,9	0	2-5	422	11-15	0	2-9	1180	2-12	1258
9,10	7	3-6	894	1-6	894	3-10	894	3-13	1258
10,11	0	4-7	894	2-7	894	4-11	1077	4-14	1143
11,12	0	5-8	894	3-8	894	5-12	1068	5-15	1068
12,13	0	6-9	297	4-9	894	6-13	387	1-12	1258
13,14	0	7-10	297	5-10	894	7-14	429	2-13	1261
14,15	0	8-11	148	6-11	357	8-15	281	3-14	1258
1-3	265	9-12	146	7-12	297	1-9	1180	4-15	1143
2-4	422	10-13	39	8-13	208	2-10	1180	1-13	1261
3-5	422	11-14	0	9-14	186	3-11	1108	2-14	1261
4-6	894	12-15	0	10-15	39	4-12	1082	3-15	1258
5-7	894	1-5	422	1-7	894	5-13	1068	1-14	1261
6-8	297	2-6	894	2-8	894	6-14	429	2-15	1261
7-9	297	3-7	894	3-9	894	7-15	429	1-15	1261

对于联盟 $S=\{3,4\}$，$\sum\limits_{j\in\{3,4\}}\beta_j=173.5<422$，说明对于一般问题 (N,T,P,ω,σ_0) 的合作博弈，β 规则得到的成本分配并不是核心分配。由于 $v(\{2\text{-}13\})=v(N)$，说明客户 1、14、15 对大联盟没有贡献，因此成本分配值为零；客户 5、6、9 参与的联盟均能获得较大的成本节省，因此分配到较多的成本节省。

6.6　本章小结

本章研究了单台批处理机生产与生产前运输协调调度问题。以工件为博弈方，以联盟的最大成本节省为特征函数，建立了调度问题的合作博弈模型，主要结论如下：

（1）对于调度问题 (N,ω,σ_0)，证明其对应的合作博弈无外部性且是 σ_0-组可加博弈，从而具有非空核心。采用 HCFF 规则可确定各联盟工件最优调度。由 β 规则得到的成本节省分配在合作博弈的核心中，能够保证大联盟的稳定。并通过算例验证了合作博弈性质及成本节省分配方法的有效性。

（2）对于一般调度问题 (N,T,P,ω,σ_0)，设计了 Q-learning 算法求解各联盟的最优调度，在不损害联盟外工件利益基础上，得到各连通联盟的特征值，并利用 β 规则对节省成本进行分配。实验结果说明了 Q-learning 算法求解 (N,T,P,ω,σ_0) 最优调度的有效性及可行性，且一般问题的合作博弈不具有超可加性，由 β 规则得到的成本节省分配不一定在合作博弈的核心中。

第7章　带尺寸约束的双机流水车间 生产与运输非合作博弈调度

7.1　引言

在流程工业生产中,各工序之间往往都存在着物料运输问题。如钢铁制造业中,在热轧-冷轧阶段,连铸坯经过加热后进入热轧工序,在热轧阶段生产的钢板、钢卷经过汽车运输到下游工序进行冷轧,形成冷轧卷。热轧-冷轧生产运输过程示意图如图 7.1 所示。

图 7.1　热轧-冷轧生产运输过程示意图

由于运输工具能力有限,物料运输对温度、送达时间等要求苛刻,因此在制定调度方案时,不能只考虑生产设备,还要对生产和工序间的运输进行协调调度,这种调度称为生产间运输协调调度。对生产间运输协调调度的研究,有助于加强生产设备及运输工具的协调配合,减少不必要的停工等待及能源消耗,对企业降本增效具有重要意义。

关于双机流水车间生产间运输协调调度问题,多数学者以生产企业为主体,在综合考虑加工能力、运输能力及交货期等其他约束指标的条件下,设计调度方案,使得总体目标达到最优。Maggu 和 Das(1980)首次在双机流水车间中考虑运输时间,以最小化最大完工时间为目标,研究协调调度问题。Stevens 和 Gemmill(1997)研究了带运输和封锁的双机流水车间中的协调调度问题,以最小化最大拖期为目标,提出了两种启发式算法求解最优调度问题。Lee 和 Chen(2001)研究了双机流水车间生产与工序间运输的协调调度,考虑运输工具的数量、运输能力和运输时间,对问题的不同目标函数给出多项式时间算法和进行复杂性分析。Gong 和 Tang(2011)考虑运输过程中工件具有尺寸约束,提出了基于装箱问题的启发式算法获得双机流水车间生产运输协调调度问题的近似最优解。Dong 等(2016)在 Gong 和 Tang(2011)的基础上,提出了改进的启发式算法。Yuan 等(2020)以最大完工时间为目标函数,针对考虑组间设置时间和运输时间的双机流水车间生产运输协调调度问题,建立混合整数线性规划模型,并提出了协同进化离散差分进化算法进行求解。

综上可知,针对流水车间生产间运输协调调度问题的研究较为丰富,但这些研究都是从生产企业角度出发,只考虑企业整体的利益,忽略了源于不同客户的工件之间存在的竞争,而这恰恰是流程工业生产系统中影响作业车间生产运输协调调度的一个关键因素。因此,以不同客户的加工工件为主体,从个体自身利益最大化出发,考虑工件对于加工设备及运输设备的竞争,利用非合作博弈理论来研究生产运输协调调度问题具有重要的实际意义。

基于非合作博弈理论的生产调度问题研究强调个体理性,博弈方通过竞争来得到各自满意的调度方案。一些学者将非合作博弈理论应用于并行机(Li et al.,2014)、柔性流水车间(Nie et al.,2019)、作业车间(周光辉 等,2010)等调度问题中,通过建立博弈模型,设计相应算法求解纳什均衡。但非合作博弈理论在调度研究的应用大多数集中在生产阶段调度目标的最优,鲜少应用于运输与生产衔接与协调。本章将非合作博弈理论应用于带有尺寸约束的双机流水车间生产间运输协调调度问题中,考虑生产运输设备的协调配合,将源于不同客户的工件映射为博弈方,通过竞争生产设备及运输设备,得到各博弈方满意的调度方案。同时考虑到基于个体理性的非合作博弈的均衡解可能会导致集体利益受损,为此,本章设计强化学习 Q-learning 算法求解生产间运输协调调度问题的博弈模型,加入引导机制,从而求得具有全局较优的纳什均衡调度,以提高生产效率,实现工件所属客户与企业的双赢。

7.2　问题描述

本章研究的带有尺寸约束的双机流水车间生产运输协调调度问题描述如下:

有 n 个待加工工件 $N=\{J_j \mid j=1,2,\cdots,n\}$ 分别属于 n 个不同的客户,需要经由两道工序加工,每道工序上各有一台机器负责生产,机器集合 $M=\{M_1,M_2\}$。各工件在两道工序的加工顺序相同。有一辆容量为 cp 的运输车 V 负责两道工序之间的运输,各批次工件具有相同的运输时间 t_1、空车返回时间 t_2,且 $t_2 < t_1$。工件的加工时间及运输时间均已知。并且假设:①所有工件、运输车及机器在零时刻可用;②生产运输过程中有无限缓冲区;③同一时刻,每台机器只能加工一个工件,每个工件也只能由一台机器加工;④每台机器及运输车都不会因故障、维护等其他此类原因而中断。

生产间运输协调调度过程可以分为生产、运输、再生产三个阶段。所有工件零时刻等待机器 M_1 的加工。M_1 上已完工的工件由具有容量限制的运输车运送到 M_2 处进行生产。其中,同一批次运输的工件尺寸之和不能超过运输车的容量。运输车完成一批次的运输后,空车返回,等待下一批次的运输。

由于工件通过竞争生产机器及运输车来使自身利益最大化,因此,本章所研究的调度问题需要决策的是确定各工件在每台机器上的加工顺序,以及在运输车上的运输批次,以最小化各客户工件的完工时间为目标,在最大完工时间最小的基础上,确定让各客户满意的调度方案。

相关符号及说明如下,其中 $j \in \{1,2,\cdots,n\}$, $i \in \{1,2\}$。

q_j:工件 J_j 的尺寸。

p_{ij}:工件 J_j 在机器 M_i 上的加工时间。

$\mathrm{st}_{kj}(k=1,2,3)$:工件 J_j 在机器 M_1、运输车 V 和机器 M_2 上的开始时间。

$\mathrm{ct}_{kj}(k=1,2,3)$:工件 J_j 在机器 M_1、运输车 V 和机器 M_2 上的完工时间。

$w_{kj}(k=1,2,3)$:工件 J_j 在机器 M_1 加工前、在 M_1 加工完成后到运输车 V 运输前和运输完成后在机器 M_2 加工前的等待时间。

w_j:工件 J_j 在机器 M_1、运输车 V 和机器 M_2 前的等待时间和。

$\mathrm{cb}_{kl}(k=1,2)$:第 l 批次运输的工件中最后一个工件在机器 M_1、运输车 V 上的完工时间。

$C_{\max}$:所有工件的最大完工时间。

Π_N:所有工件的所有整体调度方案的集合。

7.3　非合作博弈建模

针对双机流水车间生产运输协调调度问题,建立非合作博弈模型为三元组 $G = \{N, S, U\}$。其中 $N = \{J_j \mid j = 1,2,\cdots,n\}$ 表示博弈方集,$S = \{S_1, S_2, \cdots, S_n\}$ 表示 n 个博弈方的策略集,$U = \{U_1, U_2, \cdots, U_n\}$ 表示 n 个博弈方收益函数集。

1. 博弈方

由于 n 个源于不同客户的工件之间存在对加工机器及运输车资源的竞争,且其行为相互影响,因此将各工件(客户)作为博弈方。

2. 策略

策略表示博弈方的选择行为。工件竞争的是加工及运输的先后顺序,所以

工件 J_j 的每个调度方案 π_{ij}（包括在两台机器上的加工顺序及运输车上的运输批次）构成博弈方 j 的一个策略,其中 $\pi_{ij} = \{o_1, o_2, o_3\}$ 为工件 J_j 的第 i 个调度方案,表示工件 J_j 在机器 M_1 上的加工顺序为 o_1,运输车 V 上的运输批次为 o_2,机器 M_2 上的加工顺序为 o_3。但若以此调度方案作为博弈模型中博弈方的策略,无法直观反映各博弈方策略的变化对总体调度方案的影响,故本节将工件的调度方案映射为工件的等待时间和。由于各工件调度方案的每个可行组合(可行组合是指能够形成一个整体调度方案的组合)对应一个整体调度方案 π($\pi \in \Pi_N$),而每个整体调度方案 π 又与在该调度方案下工件 J_j 在机器及运输车前的等待时间和 w_j 对应,因此,将博弈方 j 的策略集记为 S_j($S_j = \{s_j \mid s_j = w_j(\pi), \pi \in \Pi_N\}$)。

工件 J_j 在调度方案 π 下的等待时间之和为

$$w_j(\pi) = \sum_{k=1}^{3} w_{kj}(\pi) \tag{7.1}$$

其中,

$$w_{1j}(\pi) = \mathrm{st}_{1j} \tag{7.2}$$

$$w_{2j}(\pi) = \mathrm{st}_{2j} - \mathrm{ct}_{1j} = \max(\mathrm{cb}_{1l}, \mathrm{cb}_{2,l-1} + t_2) - \mathrm{ct}_{1j} \tag{7.3}$$

$$w_{3j}(\pi) = \mathrm{st}_{3j} - \mathrm{ct}_{2j} = \max(\mathrm{cb}_{2l}, \mathrm{ct}_{3,j-1}) - \mathrm{ct}_{2j} \tag{7.4}$$

式(7.2)表示工件 J_j 在机器 M_1 加工前的等待时间等于工件加工的开始时间。式(7.3)、式(7.4)中的 l 表示工件 J_j 所在的运输批次。式(7.3)表示工件 J_j 在 M_1 上完成加工后到运输前的等待时间等于工件在 V 上的开始时间与在 M_1 的完工时间的差值,其中工件在 V 上的开始时间取决于同一批次最后一个在 M_1 上加工工件的完工时间及运输车完成前一批运输的返回时间中的较大值;式(7.4)表示工件 J_j 从运输完成后到在 M_2 上加工前的等待时间,等于工件在 M_2 上的开始加工时间减去在 V 上运输的完成时间,其中工件在 M_2 上的开始时间由工件在 V 上的完工时间及 M_2 上前一个工件的完工时间的较大值决定。

3. 收益函数

在非合作博弈模型中,博弈方的收益函数是对博弈方策略的量度。本章以各工件完工时间的相反数作为博弈方的收益,因此工件的完工时间越短,收益值越大。收益函数集合为 $U = \{U_1, U_2, \cdots, U_n\}$,各工件的完工时间为在机器 M_2 上的完工时间,从而,

$$U_j = -\mathrm{ct}_{3j} = -(p_{1j} + p_{2j} + t_1 + w_j(\pi)), \quad j = 1, 2, \cdots, n \tag{7.5}$$

4. 纳什均衡

双机流水车间生产运输协调调度问题转化为纳什均衡的求解,对每个博弈

方 j ,满足

$$U_j(s_j^*, s_{-j}^*) \geqslant U_j(s_j, s_{-j}^*), \forall s_j \in S_j \tag{7.6}$$

其中, s_j^* 表示博弈方 j 的纳什均衡策略, s_{-j}^* 表示除博弈方 j 以外其他人的纳什均衡策略。

定理 7.1　对于双机流水车间生产间运输协调调度问题,目标为最小化所有工件等待时间之和 $\left(\min W(\pi) = \sum_{j=1}^{n} w_j(\pi) \right)$ 的最优调度 π^* 为其博弈模型的纳什均衡调度。

证明: 设最小化所有工件等待时间之和的最优调度 π^* 对应的各工件等待时间为 $w_1^*, w_2^*, \cdots, w_n^*$ 。若 π^* 不是纳什均衡调度,则一定存在一个工件 J_j ,其策略 $s_j^* = w_j^*$ 不满足式(7.6),即至少存在一个策略 $\bar{s}_j = \overline{w}_j$,满足 $U_j(s_j^*, s_{-j}^*) < U_j(\bar{s}_j, s_{-j}^*)$ 。此时,策略组合 $(\bar{s}_j, s_{-j}^*)$ 为 $(w_1^*, \cdots, w_{j-1}^*, \overline{w}_j, w_{j+1}^*, \cdots, w_n^*)$,与其对应的调度方案设为 π 。

由于 $U_j = -(p_{1j} + p_{2j} + t_1 + w_j(\pi))$,其中 p_{1j}, p_{2j}, t_1 均为常数,当 $U_j(s_j^*, s_{-j}^*) < U_j(\bar{s}_j, s_{-j}^*)$ 时, $w_j^* > \overline{w}_j$,从而 $W(\pi^*) > W(\pi)$,与 π^* 是最优调度矛盾。　　　　　　　　　　　　　　　　　　　　　　□

当工件数量较多时,博弈模型的策略空间会变得非常大,求解比较困难。本章利用强化学习 Q-learning 算法求解双机流水车间生产间运输协调调度问题的博弈模型,将博弈方的收益转化为奖励,通过智能体不断与环境交互进行自我学习,求得纳什均衡解。

7.4　Q-learning 算法求解均衡调度

本节利用基于值函数逼近的 Q-learning 算法求解双机流水车间生产间运输协调调度问题的博弈模型,求出所有工件等待时间和最小的调度方案,从而找到博弈模型的近似纳什均衡解。由于 Q-learning 算法不是精确算法,只能求得近似最优调度方案,因此本章通过 Q-learning 算法求得的纳什均衡调度为近似纳什均衡调度。

7.4.1　调度问题的转化

应用强化学习 Q-learning 算法求解生产调度问题时,需要将问题转化成马尔可夫决策框架的形式。本节分别构建双机流水车间生产运输协调调度问题中的状态特征、动作特征和奖励函数,用来描述系统整体环境的特点和变化及智能体执行的动作,通过奖励函数反映动作的即时奖励,利用累积奖励控制

Q-learning 算法的长远目标。将问题转换为马尔可夫决策过程后,才能运用 Q-learning 算法进行求解。

1. 状态特征

状态特征主要描述双机流水车间生产运输环境的主要特点和变化,通过加工机器、运输车和工件的状态变化来反映。对于双机流水车间生产间运输协调调度问题,共定义 8 种状态特征,$n+11$ 个状态分量刻画机器、运输车及工件的信息。具体为机器状态特征有 5 种,$f_{i,k}$ 表示机器 $M_i(i=1,2)$ 的第 k 个状态分量,机器 M_1 有 5 个状态分量,机器 M_2 有 4 个状态分量;运输车状态特征有 2 种,$f_{3,1}$,$f_{3,2}$ 表示运输车 V 的 2 个状态分量;工件状态特征有 1 种,$f_{j+3,1}(1 \leqslant j \leqslant n)$ 表示工件 J_j 的状态。各状态特征定义如下:

状态特征 1   描述机器 M_i 是否处于工作状态。

$$f_{i,1} = \begin{cases} 0, & \text{机器空闲} \\ 1, & \text{机器繁忙} \end{cases}, i=1,2$$

状态特征 2   描述机器 M_i 前等待加工工件个数与工件总数之比。

$$f_{i,2} = \frac{\eta(Q_i)}{n}, i=1,2$$

其中 $\eta(Q_i)(i=1,2)$ 为机器 M_i 前等待加工工件序列 Q_i 中的工件个数。

状态特征 3   描述机器 M_i 的当前负载,等于序列 Q_i 中工件的平均加工时间与该机器上所有工件的平均加工时间之比。

$$f_{i,3} = \frac{\sum\limits_{j \in Q_i} p_{ij}}{\eta(Q_i)} \cdot \frac{n}{\sum\limits_{j=1}^{n} p_{ij}}, i=1,2$$

状态特征 4   描述机器 M_i 上加工时间最小的工件是否在队列 Q_i 中。

$$f_{i,4} = \begin{cases} 0, & J_k = \arg\min\limits_{J_j \in N}\{p_{ij}\} \notin Q_i \\ 1, & \text{否则} \end{cases}, i=1,2$$

状态特征 5   描述队列 Q_1 中在机器 M_1 上的加工时间大于在机器 M_2 上的加工时间的工件数量与 Q_1 中工件总数之比,

$$f_{1,5} = \frac{\eta(\mathrm{J}Q_1)}{\eta(Q_1)}, Q_1 \neq \varnothing, \mathrm{J}Q_1 = \{J_j \mid p_{1j} > p_{2j}, J_j \in Q_1\}$$

状态特征 6   描述运输车的三种状态:运输、空闲及空车返回。

$$f_{3,1} = \begin{cases} 0, & \text{运输车空闲} \\ 1, & \text{运输车正在运输} \\ -1, & \text{运输车空车返回} \end{cases}$$

状态特征 7　描述运输车前等待运输的工件数量与工件总数之比。

$$f_{3,2} = \frac{\eta(Q_v)}{n}$$

其中 $\eta(Q_v)$ 为运输车 V 前等待运输工件序列 Q_v 中的工件个数。

状态特征 8　描述 n 个工件的 7 种状态。

$$f_{j+3,1} = \begin{cases} 0, & \text{等待机器 } M_1 \text{ 加工} \\ 1, & \text{正在机器 } M_1 \text{ 上加工} \\ -1, & \text{在机器 } M_1 \text{ 和运输车之间} \\ 1/2, & \text{正在被运输} \\ -1/2, & \text{在运输车与机器 } M_2 \text{ 之间} \\ 1/3, & \text{正在机器 } M_2 \text{ 上加工} \\ -1/3, & \text{完成在机器 } M_2 \text{ 上加工} \end{cases}, \quad j = 1, 2, \cdots, n$$

以上状态特征提供了各状态下机器、运输车及工件的信息。

2. 动作特征

在每个状态下,可供智能体选择的动作决定了机器上工件的加工顺序以及运输车上的运输批次。针对双机流水车间生产间运输协调调度问题,本章将智能体的动作分为三类:机器 M_1 的动作、运输车 V 的动作和机器 M_2 的动作。定义动作空间的实质是缩小了博弈模型中策略全枚举的空间,使得智能体能够在有限区域内搜索到纳什均衡解。各类动作定义如下:

(1)机器 M_1 的动作

动作 1　Johnson 规则:将工件分成两个集合,N_1 包含满足 $p_{1j} \leqslant p_{2j}$ 的所有工件,N_2 包含剩余工件。N_1 排在 N_2 前,N_1 中的工件按照 p_{1j} 的非减序排列,N_2 中的工件按照 p_{2j} 的非增序排列,按此顺序选择工件。

动作 2　SPT 规则:按照 p_{1j} 非降排序优先选择加工时间最短的工件。

动作 3　LPT 规则:按照 p_{1j} 非增排序优先选择加工时间最长的工件。

动作 4　不选择工件:等待,不选择任何工件加工。对于机器 M_1,出现此种动作的情形是:没有工件等待机器 M_1 加工或机器 M_1 繁忙。

(2)机器 M_2 的动作

动作 1　FCFS 规则:按照运输到 M_2 上工件的到达顺序先到先加工。

动作 2　SPT 规则:按照 p_{2j} 非降排序优先选择加工时间最短的工件。

动作 3　LPT 规则:按照 p_{2j} 非增排序优先选择加工时间最长的工件。

动作 4　不选择工件。对于机器 M_2,出现此种动作的情形是:没有工件等待机器 M_2 加工或机器 M_2 繁忙。

（3）运输车 V 的动作

动作 1　A1 规则：按照工件在机器 M_1 上完成加工的顺序进行运输，满足运输容量限制要求的工件在同一批运输。

动作 2　A2 规则：对等待运输的工件按照工件尺寸的非增序排列，满足运输容量限制要求的工件在同一批运输。

动作 3　不选择工件。对于运输车出现此种动作的情形是：正在运输、空车返回或没有工件等待运输。

状态 s 下机器 M_1、机器 M_2 及运输车 V 的动作构成一个动作组合 $a(s)$，将所有的动作组合构成的集合记为 $\Lambda(s)$。

3. 奖励函数

奖励函数表示动作的即时奖励，累积的奖励表示目标函数。应用 Q-learning 算法求解博弈模型中的纳什均衡解的目标是最小化各工件的完工时间，即

$$F = (\mathrm{minct}_{31}, \mathrm{minct}_{32}, \cdots, \mathrm{minct}_{3n}) \tag{7.7}$$

由于每个工件的完工时间与其在整个过程中的等待时间相关，当工件不是正在 M_1 上加工，也不是正在运输车上运输，并且还没有被 M_2 加工时，工件处在等待状态，故定义示性函数为

$$\delta_j(t) = \begin{cases} 0, & \text{工件 } J_j \text{ 在时刻 } t \text{ 正在 } M_1 \text{ 上加工，或正在} \\ & \text{运输车上运输，或已开始在 } M_2 \text{ 上加工} \\ -1, & \text{其他} \end{cases} \tag{7.8}$$

定义奖励函数为

$$r_{jk} = \int_{t_k}^{t_{k+1}} \delta_j(\tau) \mathrm{d}\tau \tag{7.9}$$

其中 r_{jk} 表示智能体从决策时刻 t_k 执行动作后转移到时刻 t_{k+1} 时关于第 $j (j=1,2,\cdots,n)$ 个分量所获得的奖励。可以证明，对于第 $j (j=1,2,\cdots,n)$ 个分量，最小化目标函数 c_{3j} 即为最大化累积奖励 R_j。由于

$$R_j = \sum_{k=0}^{K-1} r_{jk} = \sum_{k=0}^{K-1} \int_{t_k}^{t_{k+1}} \delta_j(\tau) \mathrm{d}\tau = \int_0^{C_{\max}} \delta_j(\tau) \mathrm{d}\tau = -w_j \tag{7.10}$$

其中 K 为一次迭代时间内决策时刻的数量，又因为

$$w_j = c_{3j} - p_{1j} - p_{2j} - t_1 \tag{7.11}$$

因此有

$$R_j = -(c_{3j} - p_{1j} - p_{2j} - t_1) = -c_{3j} + p_{1j} + p_{2j} + t_1 \tag{7.12}$$

由式（7.12）可知，工件的完工时间越小，获得的奖励越大。Q-learning 算法中将所有工件生成奖励的平均值作为智能体所获得的累积奖励，故累积奖励越大，所有工件的等待时间之和越小，从而据此来寻找近似纳什均衡解。

7.4.2　基于值函数逼近的 Q-learning 算法

强化学习的基本方法主要分为两类：一类是基于系统模型已知的动态规划方法，另一类是基于系统模型未知的蒙特卡罗方法（MC）及时间差分方法（TD）。本节采用 TD 方法中异策略的 Q-learning 方法，利用线性值函数逼近来构建强化学习算法，以解决生产间运输协调调度问题。

本节所采用的值函数逼近为参数化逼近，通过更新参数（基函数权重）来更新状态值函数，计算公式如式（7.13）所示。

$$Q(s,a) = \sum_{k=1}^{n+11} \theta_k^a \phi_k(s) \tag{7.13}$$

其中，$n+11$ 表示状态向量中分量的个数；$\phi_k(s)(1 \leqslant k \leqslant n+11)$ 表示定义在状态空间中的基函数；θ_k^a 表示在当前状态下选择动作 $a \in \Lambda(s)$ 的基函数权重，权重向量 $\boldsymbol{\theta}^a = (\theta_1^a, \theta_2^a, \cdots, \theta_{n+10}^a)$。 正规化的基函数如式（7.14）所示。

$$\phi_k(s) = \begin{cases} f_{k,1}, & 1 \leqslant k \leqslant 2 \\ f_{k-2,2}, & 3 \leqslant k \leqslant 4 \\ f_{k-4,3}, & 5 \leqslant k \leqslant 6 \\ f_{k-6,4}, & 7 \leqslant k \leqslant 8 \\ f_{1,5}, & k = 9 \\ f_{3,1}, & k = 10 \\ f_{3,2}, & k = 11 \\ f_{k-8,1}, & 12 \leqslant k \leqslant n+11 \end{cases} \tag{7.14}$$

基于值函数逼近的 Q-learning 算法步骤如下：

步骤 1：初始化调度问题及算法参数。

调度问题的参数包括工件数量 n，运输车容量 cp，运输时间 t_1 及空车返回时间 t_2，工件在各机器上的加工时间 p_{ij} 及尺寸 q_j；Q-learning 算法的参数包括学习率 α，折扣因子 γ，贪婪因子 ε，衰减率 λ，基函数的权重 $\boldsymbol{\theta}^a = (1, 1, \cdots, 1)_{n+11}$，动作组合 a 的资格迹 $\boldsymbol{E}(a) = (0, 0, \cdots, 0)_{n+11}$，最大迭代次数 MI。令当前迭代次数 It=1。

步骤 2：设置初始时刻 t_0 及初始状态 s_0，初始化基函数。

步骤 3：确定当前状态可选动作集合。基于 ε 贪婪策略选择动作并执行：以 ε 的概率随机选择动作 $a_h(a_h \in \Lambda(s_h))$，以 $1-\varepsilon$ 的概率选择使 Q 值最大的动作 a_h^*，$a_h^* = \underset{a_h \in \Lambda(s_h)}{\arg\max} Q(s_h, a_h)$，$\Lambda(s_h)$ 表示在状态 s_h 的可选择的联合动作集。

步骤4：确定状态转移时刻。计算智能体从状态 s_h 采取动作 a_h 到状态 s_{h+1}，所获得的即时奖励 $r(s_h,a_h,s_{h+1})$，并更新状态：工件完成加工、工件完成运输、运输车空车返回都是促使状态发生转移的事件。

步骤5：按照式(7.15)～式(7.17)更新基函数的权重 θ^{a_h}，从而更新状态值函数。

$$\theta^{a_h} = \theta^{a_h} + \alpha\delta(a_h)E(a_h) \tag{7.15}$$

$$\delta(a_h) = r(s_h,a_h,s_{h+1}) + \gamma \max_{a_{h+1}\in\Lambda(s_{h+1})} Q(s_{h+1},a_{h+1}) - Q(s_h,a_h) \tag{7.16}$$

$$E(a_h) = \lambda E(a_h) + \nabla_{\theta^{a_h}} Q(s_h,a_h) \tag{7.17}$$

步骤6：判断是否加工完所有工件，若是，返回步骤3；否则，执行步骤7。

步骤7：判断是否满足 It≤MI，若是，令 It＝It＋1，返回步骤2；否则，输出所有工件的等待时间及完工时间，算法结束。

基于值函数逼近的 Q-learning 算法流程图如图 7.2 所示。

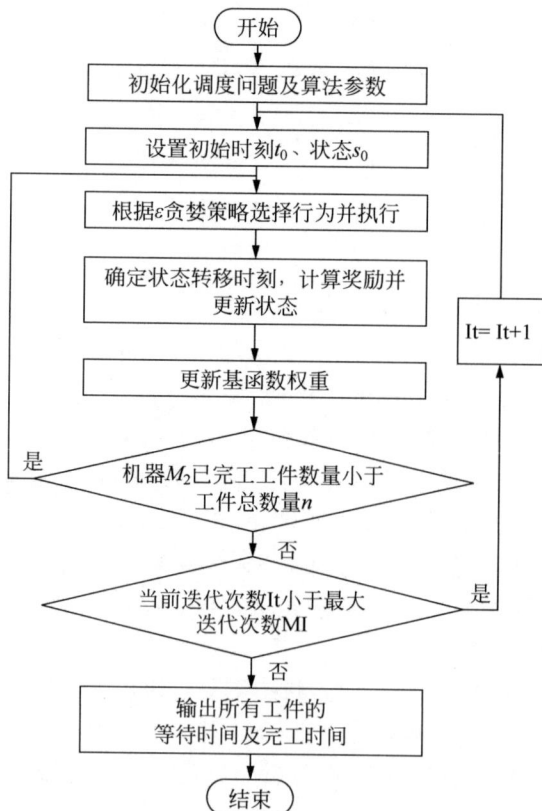

图 7.2　Q-learning 算法流程图

基于值函数逼近的 Q-learning 算法主要包括两层循环:内层循环针对一次迭代过程中每一步的状态转移;外层循环针对每次迭代的传参,将上一次迭代结束后所得到状态 s_h 采用动作 a_h 时的参数 θ^{a_h} 传给下一次迭代相同状态相同动作时的参数。通过每次迭代的传参,基于线性值函数逼近的 Q-learning 算法通过自我学习尝试,探索到博弈问题中的近似纳什均衡策略。

7.5　算例仿真及分析

7.5.1　实验环境及参数设置

本节通过实验验证 Q-learning 算法求解双机流水车间生产间运输博弈调度问题的有效性。实验采用的计算机配置为 Intel(R) Xeon(R) Silver 4110 CPU @2.10GHz 处理器,16GB 安装内存,用 JetBrains PyCharm Community Edition 2017.3.4 软件编程实现。

调度问题参数设置如下:假设工件加工时间 p_{ij}、工件尺寸 q_j、运输时间 t_1、返回时间 t_2 均服从均匀分布,具体为 $p_{ij} \sim U[1,50]$, $q_j \sim U[1,25]$, $t_1 \sim U[10,50]$, $t_2 \sim U[10,30]$;运输车容量 $cp \sim U[25,50]$。

参数 $\alpha, \lambda, \gamma, \varepsilon$ 的取值通过四因素三水平的正交试验法得到。其中 $\alpha \in (0,1]$ 为学习率,表示对 TD 偏差的学习,控制整体向目标函数的收敛速度,学习率过大会导致无法收敛,学习率过小则导致收敛过程缓慢;$\lambda \in (0,1)$ 表示轨迹衰减率;$\gamma \in [0,1]$ 表示折扣因子,用来计算累积回报;ε 表示贪婪因子,通常取值 $\leqslant 0.1$。设置初始参数水平如表 7.1 所示。

表 7.1　初始参数水平

参数	α	λ	γ	ε
水平 1	0.001	0.05	0.01	0.02
水平 2	0.002	0.1	0.02	0.05
水平 3	0.005	0.2	0.002	0.1

通过多次实验选取三个水平的参数值,根据 $L_9(3^4)$ 规则对各个参数进行交换,代入到 Q-learning 算法中进行实验,最终得到参数取值为:$\alpha = 0.001$, $\lambda = 0.05$, $\gamma = 0.01$, $\varepsilon = 0.1$。

7.5.2 实验结果及分析

1. 近似纳什均衡调度的性能分析

为衡量博弈机制的协调性以及 Q-learning 算法的有效性,通过计算近似纳什均衡调度的最大完工时间 C_{max}^{NE} 与最优调度(目标为最小化最大完工时间)的最大完工时间 C_{max}^{OPT} 的比值 RC_{max},来验证博弈机制的偏差效果。RC_{max} 的计算公式如下:

$$RC_{max} = \frac{C_{max}^{NE}}{C_{max}^{OPT}} \tag{7.18}$$

最优调度依然通过 Q-learning 算法求得,与求解近似纳什均衡调度的区别是在奖励函数的设置上,即时奖励定义为机器与运输车空闲时间之和的相反数,显然累积奖励越大,调度方案的 C_{max} 越小。

以工件个数 $n=15$ 为例进行实验,算法参数取为:$\alpha=0.001$,$\lambda=0.05$,$\gamma=0.01$,$\varepsilon=0.1$,最大迭代次数 $MI=500$,利用 Q-learning 算法得到的近似纳什均衡解与对应的均衡调度如表 7.2、表 7.3 所示。

表 7.2 近似纳什均衡解

等待时间(策略组合)	完工时间(收益函数)
(476,319,401,467,191,382,259,216,66, 75,309,295,436,128,0)	(585,424,514,553,310,481,371,322, 193,164,405,398,540,262,110)

表 7.3 近似纳什均衡调度

工件所在位置	工件加工及运输顺序
机器 M_1	J_{15},J_9,J_{10},J_{14},J_5,J_7,J_8,J_{12},J_{11},J_2,J_6,J_3,J_{13},J_1,J_4
运输车 V	$[J_{15}]$,$[J_9,J_{10}]$,$[J_{14},J_5]$,$[J_7,J_8,J_{12}]$,$[J_{11},J_2]$,$[J_6,J_3,J_{13}]$,$[J_1,J_4]$
机器 M_2	J_{15},J_{10},J_9,J_{14},J_5,J_8,J_7,J_{12},J_{11},J_2,J_6,J_3,J_{13},J_4,J_1

表 7.2 表示近似纳什均衡调度方案映射出的每个工件的等待时间以及完工时间,按照工件序号从小到大给出,该调度方案最大完工时间 C_{max} 为 585。近似纳什均衡调度方案的甘特图如图 7.3 所示。

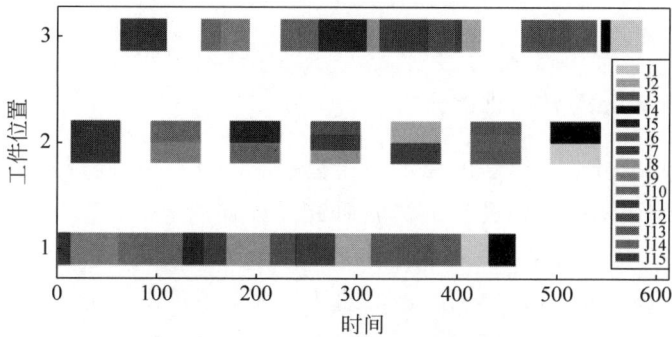

图 7.3　近似纳什均衡调度甘特图

Q-learning 算法得到最小化 C_{max} 的最优调度方案与对应的甘特图分别如表 7.4、图 7.4 所示。

表 7.4　最优调度方案

工件所在位置	工件加工及运输顺序
机器 M_1	J_{15}，J_9，J_{10}，J_{14}，J_5，J_7，J_8，J_{11}，J_{12}，J_1，J_2，J_6，J_3，J_{13}，J_4
运输车 V	$[J_{15}]$，$[J_9，J_{10}]$，$[J_{14}，J_5]$，$[J_7，J_8，J_{11}]$，$[J_{12}，J_1]$，$[J_6，J_3，J_2]$，$[J_{13}，J_4]$
机器 M_2	J_{15}，J_9，J_{10}，J_{14}，J_5，J_{11}，J_8，J_7，J_{12}，J_1，J_6，J_2，J_3，J_4，J_{13}

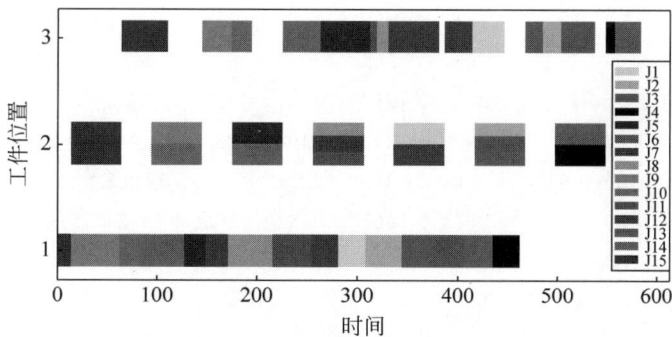

图 7.4　最优调度甘特图

最优调度方案对应的 C_{max} 为 579，由式（7.18）可得 RC_{max} 值为 1.01。RC_{max} 越接近 1 说明协调性越好。因此，基于线性值函数逼近的 Q-learning 算法求出的近似纳什均衡调度不仅有利于各工件所属客户,而且从企业角度来说,也能较好地达到整体最优。

2. Q-learning 算法的性能分析

为验证 Q-learning 算法的稳定性和有效性,我们对不同规模的双机流水车间生产运输协调调度问题进行了实验研究。分别取 $n=15,30,50,80,100$, $150,200$,对其在不同启发式规则下求得的最优调度(目标为最小化最大完工时间),以及 Q-learning 算法得到的近似纳什均衡调度的最大完工时间作比较,如表 7.5 所示。表 7.5 给出了 Q-learning 算法与启发式规则在不同规模问题中最优调度的最大完工时间。表中的规则由机器 M_1 的规则、运输车 V 的规则和机器 M_2 的规则三部分构成。

表 7.5   不同启发式规则及 Q-learning 算法得到的 C_{max}

符号	规则	C_{max}						
		$n=15$	$n=30$	$n=50$	$n=80$	$n=100$	$n=150$	$n=200$
H1	SPT-A1-SPT	860	1474	2531	3968	5102	7830	9159
H2	SPT-A1-LPT	796	1349	2084	3330	4988	5926	9159
H3	SPT-A1-FCFS	796	1349	2084	3330	4988	5926	9159
H4	SPT-A2-SPT	860	1474	2562	4107	5102	7749	9303
H5	SPT-A2-LPT	796	1349	2404	2850	4988	4966	8759
H6	SPT-A2-FCFS	796	1349	2404	3028	4988	5690	8759
H7	LPT-A1-SPT	926	1851	2745	4463	5835	8690	11 205
H8	LPT-A1-LPT	744	1236	1971	3297	5783	7015	8981
H9	LPT-A1-FCFS	768	1368	2039	3523	5783	7015	9077
H10	LPT-A2-SPT	846	1712	2611	4281	5435	8854	11 097
H11	LPT-A2-LPT	796	1349	2404	2850	4988	4966	8759
H12	LPT-A2-FCFS	796	1349	2404	3028	4988	5690	8759
H13	Johnson-A1-SPT	956	1669	2564	4050	5224	8001	9956
H14	Johnson-A1-LPT	956	1669	2564	4050	5148	7846	9879
H15	Johnson-A1-FCFS	956	1669	2564	4050	5148	7846	9879
H16	Johnson-A2-SPT	956	1669	2644	4112	5224	8124	10 103
H17	Johnson-A2-LPT	956	1669	2644	4050	5148	7766	9879
H18	Johnson-A1-FCFS	956	1669	2644	4050	5148	7766	9879
Q	Q-learning	585	1060	1539	2421	3197	4658	6073

从结果可以看出,对于不同规模的调度问题,与启发式规则相比,Q-learning 算法得到的近似纳什均衡调度的最大完工时间更短。这说明利用 Q-learning 算法得到的近似纳什均衡调度方案不仅对各客户有利,而且从整体(生产企业)角度来看更优。选取 $n=50$, $n=200$,不同启发式规则及 Q-learning 算法得到的 C_{max} 对比结果如图 7.5 所示。

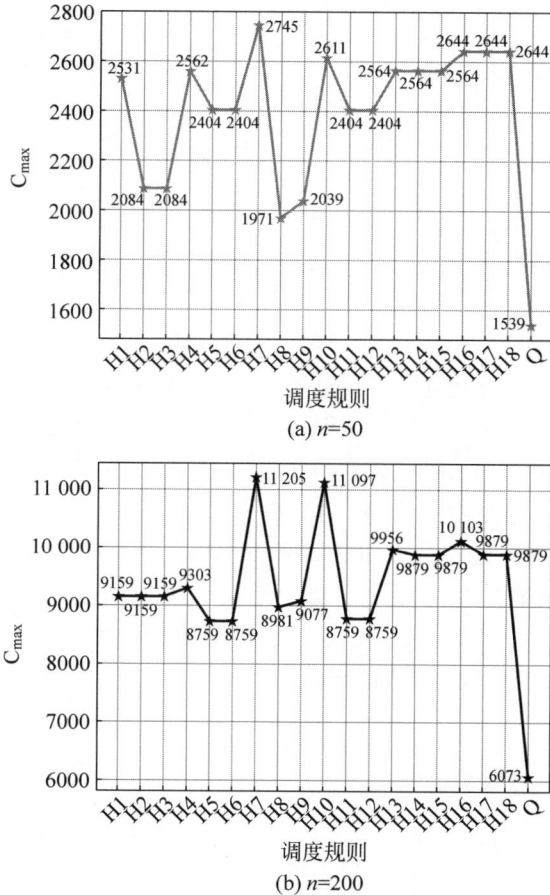

(a) $n=50$

(b) $n=200$

图 7.5　C_{max} 对比图

Q-learning 算法在每个状态下根据 ε 贪婪策略选择动作,在尝试中探索学习到纳什均衡调度方案。以 $n=30$, $n=100$ 为例,基于 Q-learning 算法得到的 C_{max} 随迭代次数的变化趋势如图 7.6 所示。从图 7.6 中可以看出,随着迭代次数的增加,C_{max} 呈下降趋势,说明基于线性值函数逼近的 Q-learning 算法随着迭代次数的增加不断学习,从而获得 C_{max} 较小的近似纳什均衡调度。

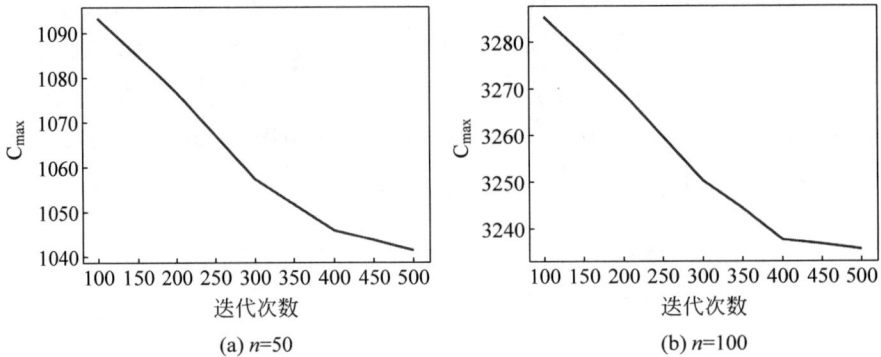

(a) $n=50$ 　　　　　　　　　　(b) $n=100$

图 7.6　$C_{\max}$ 变化趋势图

7.6　本章小结

　　本章利用非合作博弈理论对运输过程中工件带有尺寸约束的双机流水车间生产运输协调调度问题进行了研究。考虑到不同客户之间存在对生产、运输资源的竞争,以客户(工件)为博弈方,将工件在生产运输过程中的等待时间映射为博弈方策略,各工件的完工时间为其收益,建立非合作博弈模型。利用强化学习方法对博弈模型进行求解,通过定义系统状态、动作及奖励函数,将生产运输协调调度问题转化为马尔可夫决策过程,设计基于线性值函数逼近的 Q-learning 算法求解纳什均衡调度。实验结果表明,Q-learning 算法能针对不同的系统状态灵活选择动作,求得的近似纳什均衡调度方案具有较好的全局最优性,均优于其他启发式规则得到的调度方案。

第8章 考虑机器故障的并行机生产与运输非合作博弈调度

8.1 引言

钢铁生产过程中,在连铸阶段,精炼后的钢水需要在连铸机上被加工成一定规格的钢坯,且连铸机往往不止一台。在不同的生产计划和工艺要求下,钢坯会有不同的去向。一部分钢坯需要在高温状态下及时运输到均热车间进行热轧,不能及时运输至热轧车间的钢坯需要被运送到冷板坯库中储存;另一部分钢坯被运送到下游企业如钢管厂进行加工。连铸坯生产运输过程如图8.1所示。

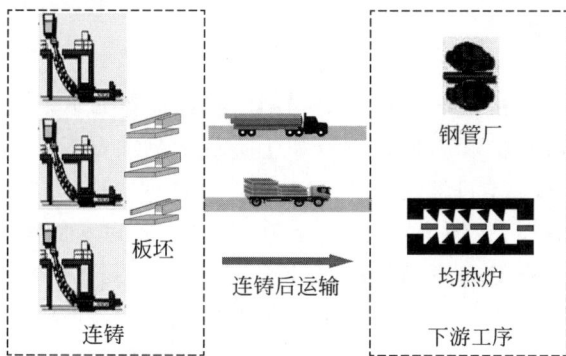

图 8.1 钢坯生产运输过程示意图

为减少高温状态下钢坯运输的热量损失,生产和运输需要协调调度。另外,在生产过程中,若连铸机故障出现时不能及时安排重调度方案,也会导致巨大的资源损耗以及成本费用。本章从连铸生产中提炼出带有机器故障的并行机生产后运输协调调度问题,以减少生产运输过程中不必要的能源消耗及成本费用,保持生产过程的连续性,从而实现降本增效。

关于并行机生产后运输协调调度问题的研究成果比较丰富(Chang et al., 2014;宫华等,2015;Mensendiek et al.,2015;Feng et al.,2019;Jiang et al., 2020),但鲜少考虑生产过程中会出现机器故障。王建军等(2017)研究了并行机环境下加工时间可控的带有机器故障的调度问题,但没有考虑机器故障对生产后运输的影响。

当机器故障发生后,需要及时更新调度方案,以确保生产运输的连续性,因此需要引入并行机生产后运输的重调度问题。所谓重调度,是指当既定生产方案(预调度)在执行过程中受到干扰时,在预调度方案的基础上,根据生产系统的状态信息进行调度方案的调整,或重新生成新的方案,以适应当前状态的过程。鲁棒性是评估机器故障发生后重调度方案性能恶化的重要指标。对于生产运输协调调度问题,不仅要考虑生产机器效率的鲁棒性(反映重调度方案最大完工时间的恶化程度),还应考虑运输费用的鲁棒性(反映重调度方案运输批次的恶化程度),这种多目标生产运输协调调度模型更符合实际。

由于衡量重调度方案性能的不同目标鲁棒性之间存在着对加工、运输资源的竞争,因而,本章利用非合作博弈理论研究带有机器故障的并行机生产后运输协调调度问题。在机器故障发生后,以机器效率鲁棒性和运输费用鲁棒性为衡量重调度方案的两个指标,考虑生产与运输之间的协调,建立博弈模型,求出纳什均衡解,从而实现优化指标之间最优组合。

8.2　问题描述

本章研究的并行机生产后运输协调调度问题描述如下:

n 个工件需要先在 m 台同速并行机上完成成品前最后一道工序的加工,工件集 $N = \{1, 2, \cdots, n\}$,机器集 $M = \{M_i \mid i = 1, 2, \cdots, m\}$。工件完成加工后在缓冲区等待运输,一台运输容量(最大运输工件数量)为 q 的运输车 V 分批次将工件运输到客户或存储仓库,卸载后运输车空车返回到生产机器端等待下一批次的运输。在生产过程中,并行机可能随时发生故障,影响余下未完成加工的工件。假设:①同一时刻,每台机器只能加工一个工件,每个工件也只能由一台机器加工;②工件加工过程不可中断,若加工中机器发生故障需重新加工;③工件数量远大于并行机的数量;④生产运输过程中有无限缓冲区;⑤工件 $j(j \in N)$ 在机器 $M_i(i = 1, 2, \cdots, m)$ 上的加工时间 p_j、运输车运输每一批次工件的时间 t_1 及空车返回时间 t_2 均已知;⑥运输车不会因故障、维护等其他此类原因而中断。

相关符号说明如表 8.1 所示。

表 8.1　符号说明

符号	说明
st_{ij}	工件 j 在机器 M_i 上的开始加工时间
c_j	工件 j 在生产阶段的完工时间
t_{bk}^i	机器 M_i 故障的发生时间
Rt^i	机器 M_i 故障的修复时间

续表

符号	说明
$k(k = 1, 2, \cdots, K)$	工件的运输批次
$K(\pi)$	在调度方案 π 下总的运输批次
$C_{\max}$	生产阶段工件的最大完工时间
$T_{\max}$	到达客户的最大完成时间

本章研究的带有机器故障的并行机生产后运输协调调度问题,生产后运输过程如图 8.2 所示,需要决策的调度任务包含工件在并行机上加工顺序的决策和运输分批的决策。各工件首先按照预调度的顺序在并行机上加工,当机器发生故障时进行重调度,受影响的工件选择等待或者右移到其他机器上进行加工。

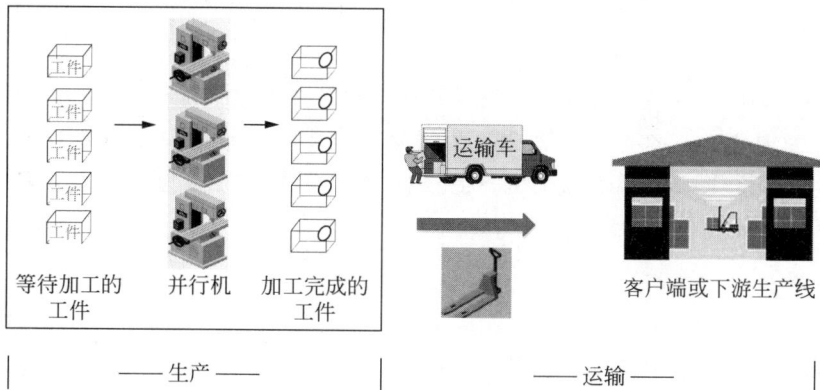

图 8.2　并行机生产后运输过程示意图

重调度方案的性能由机器效率鲁棒性和运输费用鲁棒性两个指标衡量,其中,机器效率鲁棒性 CM 由工件到达客户的时间变化衡量,运输费用鲁棒性 VM 利用机器故障后运输批次的变化衡量。CM 及 VM 的计算公式如下:

$$\mathrm{CM} = \frac{|T_{\max}(\pi_{\text{重调度}}) - T_{\max}(\pi_{\text{预调度}})|}{T_{\max}(\pi_{\text{预调度}})} \times 100\% \tag{8.1}$$

$$\mathrm{VM} = \frac{|K(\pi_{\text{重调度}}) - K(\pi_{\text{预调度}})|}{K(\pi_{\text{预调度}})} \times 100\% \tag{8.2}$$

其中,$\pi_{\text{预调度}}$,$\pi_{\text{重调度}}$ 分别表示机器故障发生前的预调度方案和机器故障发生后的重调度方案。显然,鲁棒性越小,重调度方案越优。因此,并行机生产后运输协调调度问题的重调度为多目标调度问题。

8.3　带有机器故障的重调度非合作博弈模型

针对带有机器故障的并行机生产后运输协调调度问题,在重调度过程中建立非合作博弈模型为三元组 $G = \{N, S, U\}$。其中 N 表示博弈方集,S 表示博弈方的策略集,U 表示收益函数集。

1. 博弈方

由于衡量重调度性能的两个指标——机器效率鲁棒性和运输费用鲁棒性对最优重调度的选择存在着竞争和冲突的影响,因此将其看成两个博弈方,分别记为 CR 和 VR,从个体利益最大化出发独立决策,最终达到最优均衡状态。博弈方的集合 $N = \{\text{CR}, \text{VR}\}$。

2. 策略

策略表示博弈方的选择行为。S 为所有博弈方的策略集合,即 $S = \{S_1, S_2\}$,其中 S_1 为博弈方 CR 的策略集,S_2 为博弈方 VR 的策略集。博弈方竞争的是故障发生后,受影响工件对加工机器的选择。因此,定义 BR 为受机器故障影响的工件集合,如式(8.3)所示。

$$\text{BR} = \{j \mid [\text{st}_{ij}, \text{st}_{ij} + p_j] \cap [t^i_{\text{bk}}, t^i_{\text{bk}} + \text{Rt}^i] \neq \varnothing, i \in M, j \in N\}$$

(8.3)

$|\text{BR}|$ 表示受机器故障影响的工件数量。当 $|\text{BR}| = 1$ 时,即只有一个工件受到机器故障的影响,工件可选择等待故障修复或转移到其他机器上完成加工,此时设工件可选择的机器集合为 $\{M_{I_1}, M_{I_2}, \cdots, M_{I_e}\}$,其中 e 表示工件可选择加工的机器数量,则 $S_1 = S_2 = \{M_{I_1}, M_{I_2}, \cdots, M_{I_e}\}$。当 $|\text{BR}| = 2$ 时,表示有两个工件受到机器故障的影响,此时,两个工件可选的机器集合分别为博弈方 CR 和 VR 的策略集,即 $S_1 = \{M_{I_1}, M_{I_2}, \cdots, M_{I_{e1}}\}$,$S_2 = \{M_{J_1}, M_{J_2}, \cdots, M_{J_{e2}}\}$。当 $|\text{BR}| > 2$ 时,可将问题划分为多个二人博弈问题。本章主要研究有两个工件受机器故障影响的情形。

3. 收益函数

收益函数是对博弈方策略的量度。本章以机器效率鲁棒性 CM、运输费用鲁棒性 VM 分别作为博弈方 CR 及 VR 的收益,建立二人非合作博弈模型的收益矩阵如式(8.4)所示。

$$
UR = \begin{bmatrix}
(u_{11}^1, u_{11}^2) & (u_{12}^1, u_{12}^2) & \cdots & (u_{1,e_2}^1, u_{1,e_2}^2) \\
\vdots & \vdots & & \vdots \\
(u_{e_{1,1}}^1, u_{e_{1,1}}^2) & (u_{e_{1,2}}^1, u_{e_{1,2}}^2) & \cdots & (u_{e_1,e_2}^1, u_{e_1,e_2}^2)
\end{bmatrix}_{e_1 \times e_2}
\tag{8.4}
$$

其中，$u_{ij}^1, u_{ij}^2 (i=1,2,\cdots,e_1; j=1,2,\cdots,e_2)$ 分别表示在博弈方 CR 选取策略 M_{I_i}、博弈方 VR 选择策略 M_{J_j} 的情形下，CR 及 VR 获得的收益值。

4. 纳什均衡

多目标并行机生产后运输协调调度问题转化为纳什均衡的求解，鲁棒性越小，重调度方案性能越优。因此，纳什均衡解满足对每个博弈方 $i(i=1,2)$，

$$
u^i(s_i^{\,*}, s_{-i}^{\,*}) \leqslant u^i(s_i, s_{-i}^{\,*}), \forall s_i \in S_i
\tag{8.5}
$$

其中，$s_i^{\,*}$ 表示博弈方 i 的纳什均衡策略，$s_{-i}^{\,*}$ 表示除了博弈方 i 以外其他人的纳什均衡策略。

8.4　并行机生产后运输协调调度问题的求解

带有机器故障的并行机生产后运输协调调度问题的求解主要包括预调度和重调度两部分。预调度方案包含生产阶段预调度以及运输阶段预调度。本章以最小化生产阶段最大完工时间为目标，利用 Q-learning 算法生成生产阶段预调度，在生产阶段调度方案的基础上，按照动态规划分批算法得到运输阶段预调度。当机器发生故障后，构建机器效率鲁棒性与运输费用鲁棒性的策略组合，建立收益矩阵，应用纳什均衡搜索算法进行求解，得到重调度策略，并在重调度的运输阶段利用动态规划方法进行分批。求解带有机器故障的并行机生产后运输协调调度问题的算法结构图如图 8.3 所示。

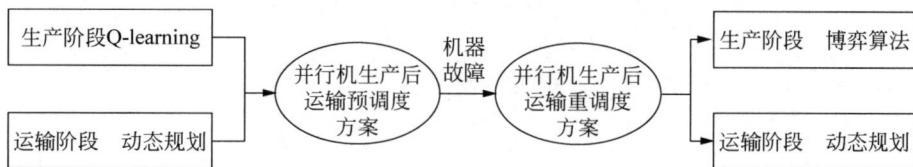

图 8.3　算法结构图

8.4.1　基于强化学习的生产阶段预调度

本节利用强化学习求解并行机生产后运输协调调度问题中生产阶段的预

调度,将并行机生产调度问题转换为马尔可夫决策过程,设计基于值函数逼近的 Q-learning 算法求得最大完工时间最小的生产调度方案。

1. 问题的转换

利用强化学习求解并行机生产调度问题时,首先需要将问题转化为马尔可夫决策过程,分别构建并行机生产调度问题中的状态特征、动作特征以及奖励函数。

(1)状态特征

状态特征主要描述并行机生产环境的主要特点和变化,通过缓冲区工件数量和各机器的状态变化来反映。本节定义了 4 个状态特征来描述系统的状态。状态特征 1 描述机器 $M_i(i=1,2,\cdots,m)$ 的状态;状态特征 2 描述机器 $M_i(i=1,2,\cdots,m)$ 上正在加工工件的加工状态;状态特征 3 描述工件的状态;状态特征 4 表示缓冲区未被加工的工件数量。各状态特征定义如下:

状态特征 1　$f_{i,1}$ 描述机器 M_i 是否空闲。

$$f_{i,1}=\begin{cases}0, & \text{机器 } M_i \text{ 空闲}\\1, & \text{机器 } M_i \text{ 繁忙}\end{cases}, \quad i=1,2,\cdots,m$$

状态特征 2　$f_{i,2}$ 描述当前时刻 t 每台机器上正在加工工件 j 的已加工时间,如果机器状态为空闲,则 $f_{i,2}=0$。

$$f_{i,2}=\begin{cases}\dfrac{t-\mathrm{st}_{ij}}{p_j}, & \text{机器 } M_i \text{ 正在加工}\\0, & \text{机器 } M_i \text{ 空闲}\end{cases}, \quad i=1,2,\cdots,m$$

状态特征 3　$f_{j,3}$ 描述工件 j 的状态。

$$f_{j,3}=\begin{cases}0, & \text{工件 } j \text{ 等待加工}\\1, & \text{工件 } j \text{ 正在加工}, \quad j=1,2,\cdots,n\\-1, & \text{工件 } j \text{ 加工完成}\end{cases}$$

状态特征 4　f_1 描述机器负载情况。

$$f_1=\frac{g(\mathrm{IN})}{n}$$

其中,IN 表示输入缓冲区等待加工的工件集合,$g(\mathrm{IN})$ 表示集合 IN 中的工件数量。

综上可知,状态特征的总数量为 $2m+n+1$,所有状态特征都刻画了当前时刻并行机及工件的信息。

（2）动作特征

在每个状态下，可供智能体选择的行为决定了并行机上工件的加工顺序，将智能体的动作定义为每台并行机从输入缓冲区选取工件加工的规则。

动作 1　SPT 规则：机器优先选择输入缓冲区中加工时间最短的工件。

动作 2　LPT 规则：机器优先选择输入缓冲区中加工时间最长的工件。

动作 3　任意序规则：机器随机选择输入缓冲区中的工件。

动作 4　不选择工件：等待，不选择任何工件加工。当机器繁忙或无工件等待加工时选择此动作。

（3）奖励函数

奖励函数表示动作的即时奖励，累计奖励反映需要优化的长期目标。在该问题中，应用强化学习的目的是寻求并行机生产阶段工件最大完工时间 $C_{\max}$ 最小的预调度方案，定义 $\delta_i(t)$ 为机器 $M_i(i=1,2,\cdots,m)$ 的指标函数，其中

$$\delta_i(t)=\begin{cases}0, & \text{机器 } M_i \text{ 在 } t \text{ 时刻繁忙} \\ -1, & \text{机器 } M_i \text{ 在 } t \text{ 时刻空闲}\end{cases} \tag{8.6}$$

定义奖励函数为

$$r_k=\frac{1}{m}\sum_{i=1}^{m}\int_{t_k}^{t_{k+1}}\delta_i(\tau)\mathrm{d}\tau \tag{8.7}$$

r_k 表示智能体在时刻 t_k 执行动作后转移到 t_{k+1} 时刻时获得的奖励。不难证明，并行机生产调度过程的奖励函数具有如下性质：

$$R=\sum_{k=0}^{U-1}r_k=\frac{1}{m}\sum_{k=0}^{U-1}\sum_{i=1}^{m}\int_{t_k}^{t_{k+1}}\delta_i(\tau)\mathrm{d}\tau=\frac{1}{m}\sum_{i=1}^{m}\sum_{k=0}^{U-1}\int_{t_k}^{t_{k+1}}\delta_i(\tau)\mathrm{d}\tau$$

$$=\frac{1}{m}\sum_{i=1}^{m}\int_{0}^{C_{\max}}\delta_i(\tau)\mathrm{d}\tau=-C_{\max}+\frac{1}{m}\sum_{i=1}^{m}\sum_{j\in\Lambda(i)}p_j \tag{8.8}$$

其中，U 为一次迭代时间（$C_{\max}$）内决策时刻的数量，$\Lambda(i)$ 表示在机器 M_i 上加工的工件集合，$\sum_{i=1}^{m}\sum_{j\in\Lambda(i)}p_j$ 表示对每台机器上工件的加工时间求和。由于同一工件在不同并行机上的加工时间相同，且各工件的加工时间为常数，因此由式（8.8）可知：最大化累积奖励 R 等价于最小化最大完工时间 $C_{\max}$。

2. 基于值函数逼近的 Q-learning 算法

Q-learning 算法是强化学习方法中普遍使用的算法之一，是一种基于值函数迭代的在线学习和动态最优技术。其原理是利用包含先前的经验 Q 值表作为后续迭代计算的初始值，从而缩短算法的收敛时间。本节利用 Q-learning 算法求解并行机生产调度问题，采用线性值函数逼近来构建强化学习算法，通过

更新基函数权重来更新状态值函数。基于值函数逼近的 Q-learning 算法框架如表 8.2 所示。

表 8.2　基于值函数逼近的 Q-learning 算法框架

算法:求解并行机生产调度的 Q-learning 算法

输入:初始化问题和设置参数

(1)输入调度问题参数:工件数量 n、机器数量 m 及工件在机器上的加工时间。

(2)输入 Q-learning 算法参数:学习率 α,折扣因子 γ,贪婪因子 ε,衰减率 λ,基函数的权重 $\boldsymbol{\theta}^a = (1,1,1,\cdots,1)_{2m+n+1}$,动作 a 的资格迹 $\boldsymbol{E}(a) = (0,0,0,\cdots,0)_{2m+n+1}$。

过程:

For $\quad t = 0$:max_episode do

设置初始时刻 t_0 及初始状态 s_0,初始化基函数

　　For num $= 0$:n do

　　(1)以 ε 的概率随机选择候选动作 a_k,以 $1-\varepsilon$ 的概率选择最佳动作 a_k^*,即 $a_k^* = \underset{a_k}{\mathrm{argmax}}Q(s_k,a_k)$,并执行选择的动作。

　　(2)确定状态转移时刻并更新状态:在并行机生产调度中,触发状态转移的事件为并行机上工件的完工。计算智能体从状态 s_k 采取动作 a_k 到状态 s_{k+1} 所获得的即时奖励 $r(s_k,a_k,s_{k+1})$,并按照以下公式更新基函数的权重 θ^{a_k},从而更新状态值函数。

$$\theta^{a_k} = \theta^{a_k} + \alpha\delta(a_k)E(a_k)$$
$$\delta(a_k) = r(s_k,a_k,s_{k+1}) + \gamma\underset{a_{k+1}}{\max}Q(s_{k+1},a_{k+1}) - Q(s_k,a_k)$$
$$E(a_k) = \lambda E(a_k) + \nabla_{\theta_k^a}Q(s_k,a_k)$$

　　End for

End for

输出:　所有工件的完工时间

　　Q-learning 算法的值函数表示为

$$Q(s,a) = \sum_{k=1}^{2m+n+1} \theta_k^a \phi_k(s) \tag{8.9}$$

其中,$2m+n+1$ 表示状态向量中分量的个数;θ_k^a 表示在当前状态下选择动作 a 时基函数的权重,权重向量 $\boldsymbol{\theta}^a = (\theta_1^a, \theta_2^a, \cdots, \theta_{2m+n+1}^a)$;$\phi_k(s)(1 \leqslant k \leqslant 2m+n+1)$ 表示定义在状态空间中的基函数,表达式如下:

$$\phi_k(s) = \begin{cases} f_{k,1}, & 1 \leqslant k \leqslant m \\ f_{k-m,2}, & m+1 \leqslant k \leqslant 2m \\ f_{k-2m,3}, & 2m+1 \leqslant k \leqslant 2m+n \\ f_1, & k = 2m+n+1 \end{cases} \tag{8.10}$$

8.4.2　基于动态规划的运输阶段分批调度

工件按照在生产阶段完成加工的先后顺序进入运输过程,由一辆有运输容量限制的运输车运输到客户端。如何安排工件的运输,使得工件到达客户端的时间最短,即工件最大运输完成时间最短,是运输阶段需要解决的关键问题。本节采用动态规划算法(DP)生成运输方案,具体步骤如下:

步骤 1:将工件按照在并行机生产阶段利用 Q-learning 算法得到的调度方案下完工时间非降序排列,记为 $\pi:N \to N$,且 $\pi(i)=j$,表示工件 j 在 π 的第 i 个位置上。

步骤 2:递归定义最优值。定义 $f(g,h,d_k)$ 为当前 h 个工件分为 k 批运输的完成时间,其中,d_k 表示第 k 批次工件的运输开始时间,$d_0=0$,$f(0,0,d_0)=0$,第 k 批工件中包含序列 π 中位置为 $g+1,g+2,\cdots,h$ $(g<h)$ 的工件。递归表达式为

$$f(g,h,d_k)=\max_{1 \leqslant g-l \leqslant q}\{c_{\pi^{-1}(h)},f(l,g,d_{k-1})+t_2\}+t_1 \tag{8.11}$$

其中,$0 \leqslant g \leqslant n-1$,$g+1 \leqslant h \leqslant \min(q+g,n)$,$\max\{g-q,0\} \leqslant l < g$。

下面分情况讨论 k 的取值:当 g/q 为整数时,$g/q+1 \leqslant k \leqslant g+1$;否则,$[g/q]+1<k \leqslant g+1$。当 l/q 为整数时,$l/q+2 \leqslant k \leqslant l+2$;否则,$[l/q]+2<k \leqslant l+2$。第 k 批工件开始运输时间需要满足第 $k-1$ 批运输的返回时间与第 k 批工件在机器上完工时间的最大值,因而,最优值为

$$F^*=\min_{1 \leqslant n-g \leqslant q}\{f(g,n,d_K)\} \tag{8.12}$$

$f(g,n,d_K)$ 表示最后一批工件的运输完成时间,其中,$\left\lceil \dfrac{n}{q} \right\rceil \leqslant k \leqslant n$。

步骤 3:采用自底向上的方式计算出最优值 F^*。

步骤 4:根据最优值 F^* 得到的分批信息构造出最优分批及运输方案。

8.4.3　机器故障的重调度策略

右移、路线转移和完全重调度是机器故障发生时采取的三种策略,由于完全重调度成本过高,所以一般不考虑。对于本章所研究的带有机器故障的并行机生产后运输协调调度问题,当故障发生时,只考虑右移策略和路线转移策略。

右移策略是指受机器故障影响的工件,在等待机器故障修复后继续在该机器上加工。工件的右移是否会对后续在这台机器上加工的工件有影响,取决于机器故障的发生时间、故障的修复时间、受影响工件的加工时间以及在该机器上加工的下一个工件的开始时间。当机器 M_i 发生故障后,受影响的工件 j 等

待机器修复后再加工。若完工时间小于预调度中机器 M_i 上下一个工件的开始加工时间,即式(8.13)成立时,工件 j 的右移策略不会影响到 M_i 上其他工件的加工。

$$t_{bk}^i + Rt^i + p_j \leqslant st_{i,j_{suc}} \tag{8.13}$$

其中,工件 j_{suc} 表示机器 M_i 上与工件 j 相邻且在其后加工的工件。

路线转移策略是指工件更换到其他可行机器上进行加工。当机器 M_i 发生故障时,受影响的工件 j 转移到机器 $M_{i'}$ 上进行加工。若转移后工件 j 的完工时间早于原调度方案中 $M_{i'}$ 上未加工工件的开始加工时间,即当式(8.14)成立时,这种路线转移策略不会影响到机器 $M_{i'}$ 上其他的工件。

$$\max(t_{bk}^i, c_{j_{pre},i'}) + p_j \leqslant st_{i',j_{suc}} \tag{8.14}$$

式中,$c_{j_{pre},i'}$ 表示机器 $M_{i'}$ 上先于工件 j 加工的工件 j_{pre} 的完工时间。受机器故障影响的工件 j 的开始加工时间取决于机器故障的发生时间以及机器 $M_{i'}$ 上工件 j_{pre} 的完工时间。

在故障发生后,若式(8.13)或式(8.14)不成立,即受故障影响工件 j 的右移策略或路线转移策略均会影响到其他工件加工时,则需要重调度。本节利用机器效率鲁棒性及运输费用鲁棒性两个指标来衡量重调度方案的性能。

8.4.4 纳什均衡搜索算法

对于带有机器故障的并行机生产后运输协调调度问题的二人博弈模型,本节利用纳什均衡搜索算法求出纳什均衡解,算法框架如表8.3所示。

表 8.3 纳什均衡搜索算法框架

算法:纳什均衡搜索算法
输入:博弈方、策略集及收益函数
(1)确定博弈方的策略集 $S_1 = \{M_{I_1}, M_{I_2}, \cdots, M_{I_{e1}}\}$ 及 $S_2 = \{M_{J_1}, M_{J_2}, \cdots, M_{J_{e2}}\}$;
(2)针对博弈方的所有策略组合,构建 $e_1 \times e_2$ 的收益矩阵,收益矩阵中每组元素用 $(u_{ij}^1, u_{ij}^2)(i = 1, 2, \cdots, e_1; j = 1, 2, \cdots, e_2)$ 表示。
过程:
For $i = 1 : e_1$ do
找出每一行中最小的 $u_{ij*}^2 = \min\limits_{j}\{u_{ij}^2\}$,记录下 j^*。
End forB
For $j = 1 : e_2$ do
找出每一列中最小的 $u_{i*j}^1 = \min\limits_{i}\{u_{ij}^1\}$,记录下 i^*。
End for

续表

同时被记录下来的 i^*, j^* 的收益组合（$u_{i^*j^*}^1$, $u_{i^*j^*}^2$）即为纳什均衡对应的收益，策略组合（$M_{I_{i^*}}$, $M_{J_{j^*}}$）即为纳什均衡策略，纳什均衡策略集记为 M；

While $u_{i_1j_1}^1 \leqslant u_{i_2j_2}^1$ 且 $u_{i_1j_1}^2 \leqslant u_{i_2j_2}^2$, （$M_{I_{i1}}$, $M_{J_{j1}}$）$\in M$, （$M_{I_{i2}}$, $M_{J_{j2}}$）$\in M$

从 M 中删除帕累托劣势解（$M_{I_{i2}}$, $M_{J_{j2}}$）。

End while

输出：若 M 中有多个纳什均衡，输出机器序号较小的纳什均衡

事实上，博弈模型可能存在多个纯策略纳什均衡，为了得到确定的决策方案，本章假设博弈方均会选择帕累托上策均衡，即在帕累托效率意义上明显较好的一个。若无帕累托上策均衡，本章假设博弈方会按照顺序一致选择机器序号较小的聚点均衡。

8.5　数值算例及分析

8.5.1　实验环境及参数设置

本节通过实验验证带有机器故障的并行机生产后运输协调调度问题博弈模型的有效性。实验采用的计算机配置为 Intel(R) Xeon(R) Silver 4110 CPU @2.10GHz 处理器，16GB 安装内存，使用 JetBrains PyCharm Community Edition 2017.3.4 软件编程实现。

并行机数量 $m = 4,6$，工件数量 $n = 30,50$，假设工件在并行机上的加工时间 $p_j \sim U[1,50]$，运输车容量 $q = 3$，运输车运输及空车返回时间 $t_1, t_2 \sim U(1,20)$（$t_1 > t_2$）。

基于线性值函数逼近的 Q-learning 算法中，参数 α, λ, γ, ε 的取值通过四因素三水平的正交试验法得到，具体参数取值为：$\alpha = 0.001$，$\lambda = 0.05$，$\gamma = 0.01$，$\varepsilon = 0.1$。

8.5.2　实验结果及分析

1. 预调度方案

在 4 台并行机 30 个工件的问题中，$t_1 = 19$，$t_2 = 4$。通过 Q-learning 算法得到并行机生产阶段调度方案及对应的甘特图分别如表 8.4、图 8.4 所示。

将工件按照生产阶段完工时间进行排序，如表 8.5 所示。利用动态规划算法对工件进行分批，得到工件完成运输的最小时间为 257，运输批次为 11，运输

方案如表 8.6 所示。表 8.6 给出了每一批次运输的工件及运输完成时间。生产阶段调度和运输分批调度共同构成了预调度方案。

表 8.4 Q-learning 算法得到的生产阶段调度方案

工件序号	17	27	5	9	3	2	24	28	15	10
机器	M_1	M_1	M_1	M_1	M_1	M_1	M_1	M_1	M_2	M_2
完工时间	1	8	29	77	107	142	181	228	3	22
工件序号	23	1	19	18	8	16	30	29	4	26
机器	M_2	M_2	M_2	M_2	M_2	M_3	M_3	M_3	M_3	M_3
完工时间	45	72	110	151	195	4	24	50	77	108
工件序号	11	20	21	25	7	12	13	6	22	14
机器	M_3	M_3	M_3	M_4	M_4	M_4	M_4	M_4	M_4	M_4
完工时间	147	190	238	5	26	52	80	112	151	197

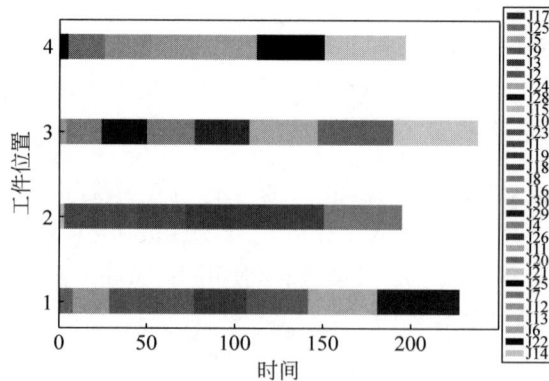

图 8.4 并行机生产阶段调度甘特图

表 8.5 工件生产阶段完工时间排序表

序号	工件序号	完工时间	序号	工件序号	完工时间	序号	工件序号	完工时间
1	17	1	11	29	50	21	2	142
2	15	3	12	12	52	22	11	147
3	16	4	13	1	72	23	18	151
4	25	5	14	9	77	24	22	151
5	27	8	15	4	77	25	24	181
6	10	22	16	13	80	26	20	190
7	30	24	17	3	107	27	8	195
8	7	26	18	26	108	28	14	197
9	5	29	19	19	110	29	28	228
10	23	45	20	6	112	30	21	238

表 8.6　工件运输分批表

批次	工件序号	运输完成时间	批次	工件序号	运输完成时间
第 1 批次	17	20	第 7 批次	13，3，26	161
第 2 批次	15，16	43	第 8 批次	19，6，2	184
第 3 批次	25，27，10	66	第 9 批次	11，18，22	207
第 4 批次	30，7，5	91	第 10 批次	24，20，8	230
第 5 批次	23，29，12	115	第 11 批次	14，28，21	257
第 6 批次	1，9，4	138			

2. 重调度方案

当机器故障发生时，根据机器故障发生时间确定受机器故障影响的工件，以及受影响工件可选择的机器集，从而构建机器效率鲁棒性与运输费用鲁棒性的策略集，再根据收益函数建立收益矩阵。

定义四种类型的机器故障如表 8.7 所示。

表 8.7　机器故障类型表

机器故障类型	故障发生机器	机器故障时间	机器故障修复时间
BD1	M_1	$U(20, 29)$	$U(30, 45)$
BD2	M_2	$U(22, 30)$	$U(23, 40)$
BD3	M_3	$U(5, 22)$	$U(20, 28)$
BD4	M_4	$U(5, 25)$	$U(22, 27)$

假设机器故障的发生会影响两个工件，每次只能发生一种类型的机器故障。由预调度方案可知，当机器 M_1 发生故障时，受机器故障影响的工件为工件 5 和工件 9；当机器 M_2 发生故障时，受机器故障影响的工件为工件 23 和工件 1；当机器 M_3 发生故障时，受机器故障影响的工件为工件 30 和工件 29；当机器 M_4 发生故障时，受机器故障影响的工件为工件 7 和工件 12。在上述四种情形下，受影响工件可选择的策略集分别为 $S_1 = S_2 = \{M_1, M_2, M_3, M_4\}$。令 $S_{ij}(i, j \in \{1,2,3,4\})$ 表示第一个受影响工件选择机器 M_i、第二个受影响工件选择机器 M_j 的策略组合。在不同类型故障发生后，计算各策略组合对应的重调度方案中工件的完工时间，然后利用动态规划算法进行分批，得到各类型故障发生后工件的最大运输完成时间 $T_{\max}$ 和运输批次 K 扰动变化如表 8.8 所示。

表 8.8　各故障类型发生后重调度方案扰动变化

策略组合	最大运输完成时间 $T_{\max}$				运输批次 K			
	BD1	BD2	BD3	BD4	BD1	BD2	BD3	BD4
预调度	257				11			
S_{11}	311	298	305	268	13	12	12	11
S_{12}	263	271	269	283	11	11	11	11
S_{13}	309	271	274	268	13	11	11	11
S_{14}	265	271	269	268	11	11	11	11
S_{21}	263	275	273	271	11	11	11	11
S_{22}	286	257	257	261	11	11	11	11
S_{23}	309	271	274	283	13	11	11	12
S_{24}	265	257	257	257	11	11	11	11
S_{31}	282	284	273	278	11	12	11	11
S_{32}	282	284	269	304	12	12	11	13
S_{33}	320	311	285	304	13	13	12	13
S_{34}	282	311	269	278	11	13	11	12
S_{41}	263	275	273	271	11	11	11	11
S_{42}	263	257	262	257	11	11	11	11
S_{43}	309	257	274	283	13	11	11	12
S_{44}	286	257	289	257	11	11	12	11

根据表 8.8 中预调度方案及不同策略组合 S_{ij} 下 $T_{\max}$、K 的值,由式(8.1)、式(8.2)可计算出 S_{ij} 下机器效率鲁棒性及运输费用鲁棒性,分别用 u_{ij}^1,u_{ij}^2($i,j=1,2,3,4$)表示,从而建立博弈模型的收益矩阵 UR。

(1)BD1 发生情形下

对应的收益矩阵为

$$
UR = \begin{bmatrix}
(0.21,0.18) & (0.02,0) & (0.20,0.18) & (0.03,0) \\
(0.02,0) & (0.11,0) & (0.20,0.18) & (0.03,0) \\
(0.09,0) & (0.09,0.09) & 0.24,0.18 & (0.10,0) \\
(0.02,0) & (0.02,0) & (0.20,0.18) & (0.11,0)
\end{bmatrix}
$$

由纳什均衡搜索算法得到的聚点均衡对应的策略组合为 S_{12}，即当发生类型 BD1 的机器故障后，工件 5 等待机器故障修复，工件 9 转移到机器 M_2 上加工。选择策略 S_{12} 对应的重调度的分批方案如表 8.9 所示。

表 8.9　故障类型 **BD1** 发生后重调度工件分批方案

批次	工件序号	运输完成时间	批次	工件序号	运输完成时间
第 1 批次	17	20	第 7 批次	1，26，6	161
第 2 批次	15，16，25	43	第 8 批次	3，19，11	184
第 3 批次	27，10	66	第 9 批次	22，2，18	207
第 4 批次	30，7，23	92	第 10 批次	20，24，14	230
第 5 批次	29，12，9	115	第 11 批次	8，21，28	263
第 6 批次	4，13，15	138			

（2）BD2 发生情形下

对应的收益矩阵为

$$
\mathrm{UR} = \begin{bmatrix}
(0.18,0.09) & (0.07,0) & (0.07,0) & (0.07,0) \\
(0.09,0) & (0.02,0) & (0.07,0) & (0.02,0) \\
(0.12,0.09) & (0.12,0.09) & (0.23,0.18) & (0.23,0.18) \\
(0.09,0) & (0.02,0) & (0.02,0) & (0.02,0)
\end{bmatrix}
$$

由纳什均衡搜索算法得到的聚点均衡对应的策略为 S_{24}，即当发生类型 BD2 的机器故障后，工件 23 等待机器故障修复，工件 1 转移到机器 M_4 上加工。选择策略 S_{24} 对应的重调度的分批方案如表 8.10 所示。

表 8.10　故障类型 **BD2** 发生后重调度工件分批方案

批次	工件序号	运输完成时间	批次	工件序号	运输完成时间
第 1 批次	17	20	第 7 批次	19，6，9	163
第 2 批次	15，16，25	43	第 8 批次	11，18，22	186
第 3 批次	27，10，30	66	第 9 批次	3，20，2	209
第 4 批次	7，5，29	91	第 10 批次	8，14	232
第 5 批次	23，12，1	115	第 11 批次	21，24，28	257
第 6 批次	4，13，26	138			

（3）BD3 发生情形下

对应的收益矩阵为

$$UR = \begin{bmatrix} (0.21, 0.09) & (0.06, 0) & (0.08, 0) & (0.06, 0) \\ (0.08, 0) & (0.02, 0) & (0.08, 0) & (0.02, 0) \\ (0.07, 0) & (0.06, 0) & (0.13, 0.09) & (0.06, 0) \\ (0.07, 0) & (0.04, 0) & (0.08, 0) & (0.14, 0.09) \end{bmatrix}$$

由纳什均衡搜索算法得到的聚点均衡对应的策略组合为 S_{22}，工件 30 和工件 29 可都转移到机器 M_2 上加工。选择策略 S_{22} 对应的重调度的分批方案如表 8.11 所示。

表 8.11　故障类型 BD3 发生后重调度工件分批方案

批次	工件序号	运输完成时间	批次	工件序号	运输完成时间
第 1 批次	17, 15	22	第 7 批次	3, 6, 11	161
第 2 批次	16, 25, 27	43	第 8 批次	18, 2, 22	184
第 3 批次	10, 7, 30	66	第 9 批次	22, 20, 8	207
第 4 批次	5, 29, 1	92	第 10 批次	14, 24	230
第 5 批次	4, 12, 9	115	第 11 批次	21, 28	257
第 6 批次	13, 26, 19	138			

（4）BD4 发生情形下

对应的收益矩阵为

$$UR = \begin{bmatrix} (0.06, 0) & (0.12, 0) & (0.06, 0) & (0.06, 0) \\ (0.07, 0) & (0.03, 0) & (0.12, 0.09) & (0.02, 0) \\ (0.10, 0) & (0.20, 0.18) & (0.20, 0.09) & (0.10, 0) \\ (0.07, 0) & (0.02, 0.02) & (0.11, 0.09) & (0.02, 0) \end{bmatrix}$$

由纳什均衡搜索算法得到的聚点均衡对应的策略组合为 S_{24}，工件 7 转移到机器 M_2 上加工，工件 12 转移到机器 M_4 上加工。选择策略 S_{24} 对应的重调度的分批方案如表 8.12 所示。

表 8.12　故障类型 BD4 发生后重调度工件分批方案

批次	工件序号	运输完成时间	批次	工件序号	运输完成时间
第 1 批次	17, 15	22	第 7 批次	26	161
第 2 批次	16, 25, 27	45	第 8 批次	6, 19, 2	184
第 3 批次	10, 30, 5	68	第 9 批次	11, 22, 18	207
第 4 批次	7, 29, 12	92	第 10 批次	24, 20, 14	230
第 5 批次	23, 9, 4	115	第 11 批次	8, 28, 21	257
第 6 批次	13, 1, 3	138			

3. 不同规模结果比较

针对较大规模($n = 50, m = 6$)问题,利用 Q-learning 算法求得工件生产阶段的预调度方案如表 8.13 所示。

表 8.13　Q-learning 算法生产阶段调度方案

机器	工件加工序列	生产阶段完工时间
M_1	50, 18, 32, 14, 9, 1, 31	2, 51, 69, 107, 136, 168, 209
M_2	29, 7, 2, 34, 15, 23, 47	2, 51, 70, 94, 140, 174, 219
M_3	24, 5, 37, 10, 12, 38, 42	2, 50, 67, 87, 114, 144, 179
M_4	16, 4, 20, 19, 39, 45, 30, 27, 21, 36	5, 14, 26, 38, 54, 73, 98, 126, 157, 194
M_5	11, 17, 8, 44, 40, 35, 13, 25, 22	7, 17, 29, 43, 60, 79, 105, 150, 187
M_6	49, 43, 41, 26, 6, 28, 33, 46, 3, 48	8, 19, 31, 46, 63, 82, 108, 137, 170, 211

利用动态规划算法进行分批得到运输阶段调度方案如表 8.14 所示。

表 8.14　动态规划算法运输阶段调度方案

批次	工件序号	运输完成时间	批次	工件序号	运输完成时间
第 1 批次	50	9	第 11 批次	35, 30	119
第 2 批次	29, 24, 16	20	第 12 批次	13	130
第 3 批次	11, 49, 4	31	第 13 批次	14, 33	141
第 4 批次	17, 43, 20	42	第 14 批次	12, 27	152
第 5 批次	8, 41, 19	53	第 15 批次	9, 46, 15	163
第 6 批次	44, 26, 5	64	第 16 批次	38, 25, 21	174
第 7 批次	7, 18, 39	75	第 17 批次	1, 3, 23	188
第 8 批次	40, 6, 37	86	第 18 批次	42, 22, 36	209
第 9 批次	32, 2, 10	97	第 19 批次	31, 48, 47	226
第 10 批次	45, 28, 34	108			

由表 8.14 可知,工件完成运输的最大时间为 226,总批次数量为 19。

定义如下两种类型的机器故障:

故障类型 BD5:机器 M_3,机器故障时间 $U(25, 35)$,修复时间 $U(26, 40)$;

故障类型 BD6:机器 M_5,机器故障时间 $U(26, 31)$,修复时间 $U(30, 50)$。

当机器故障 BD5 发生时,受影响的工件为工件 5 及工件 37,可选择的机器集为 $S_1=S_2=\{M_1,M_2,M_3,M_4,M_5,M_6\}$,计算各种策略组合下机器效率鲁棒性与运输费用鲁棒性,构建收益矩阵如下:

$$UR=\begin{bmatrix} (0.29,0.32) & (0.21,0.21) & (0.21,0.27) & (0.21,0.21) & (0.21,0.21) & (0.21,0.21) \\ (0.26,0.26) & (0.33,0.36) & (0.26,0.32) & (0.26,0.26) & (0.26,0.32) & (0.26,0.26) \\ (0.03,0) & (0.08,0.05) & (0.07,0.05) & (0.01,0.05) & (0,0.05) & (0.04,0) \\ (0.10,0.05) & (0.10,0.05) & (0.10,0.11) & (0.18,0.11) & (0.10,0) & (0.10,0.05) \\ (0.03,0) & (0.08,0.11) & (0,0.05) & (0,0.05) & (0.15,0.16) & (0.04,0) \\ (0.18,0.16) & (0.18,0.17) & (0.18,0.17) & (0.18,0.16) & (0.18,0.21) & (0.25,0.26) \end{bmatrix}$$

由纳什均衡搜索算法得到的聚点均衡对应的策略组合为 S_{31},即工件 5 等待机器 M_3 故障修复,工件 37 转移到机器 M_1 上加工。

当机器故障 BD6 发生时,受影响的工件为工件 13 及工件 25,可选择的机器集为 $S_1=S_2=\{M_1,M_2,M_3,M_4,M_5,M_6\}$。计算各种策略组合下机器效率鲁棒性与运输费用鲁棒性,得到收益矩阵如下:

$$UR=\begin{bmatrix} (0.27,0.37) & (0.20,0.24) & (0.07,0) & (0.09,0.05) & (0.07,0.05) & (0.16,0.21) \\ (0.12,0.11) & (0.31,0.42) & (0.12,0.11) & (0.12,0.05) & (0.12,0.11) & (0.16,0.21) \\ (0.15,0.16) & (0.20,0.21) & (0.14,0.11) & (0.09,0) & (0,0.05) & (0.17,0.16) \\ (0,0.05) & (0.20,0.21) & (0.02,0.05) & (0.20,0.21) & (0,0.05) & (0.17,0.16) \\ (0.15,0.16) & (0.20,0.21) & (0.02,0) & (0.09,0.11) & (0,0.05) & (0.17,0.16) \\ (0,0.16) & (0.02,0.21) & (0.08,0.05) & (0.09,0) & (0.08,0.05) & (0.28,0.37) \end{bmatrix}$$

由纳什均衡搜索算法得到的聚点均衡对应的策略组合为 S_{41}。

将不同机器故障类型下的博弈模型结果与机器故障的右移策略所得结果进行对比,如表 8.15 所示。

表 8.15　博弈模型与右移策略结果比较

规模($n \times m$)	运输车能力	机器故障类型	博弈模型	右移策略
	$q=3$	BD1	(0.02,0)	(0.21,0.18)
30×4	$q=3$	BD2	(0.02,0)	(0.02,0)
	$q=3$	BD3	(0.06,0)	(0.13,0.09)
	$q=3$	BD4	(0.02,0)	(0.02,0)
50×6	$q=3$	BD5	(0.03,0)	(0.07,0.05)
	$q=3$	BD6	(0,0.05)	(0,0.05)

　　实验结果表明,通过将两组不同规模实验博弈方法与右移策略的结果进行对比可知,博弈模型会获得比右移策略更小的机器效率鲁棒性和运输费用鲁棒性的收益函数值,从而得到更均衡的重调度方案。

8.6　本章小结

　　本章研究了带有机器故障的并行机生产后运输协调调度问题,假设当机器故障随机发生时,以机器效率鲁棒性和运输费用鲁棒性作为评估重调度方案性能的指标。通过将机器效率鲁棒性及运输费用鲁棒性映射为博弈方,将受故障影响工件的可选机器集映射为博弈方的策略集,建立非合作博弈模型。利用博弈理论求解多目标调度问题,并设计了基于值函数的 Q-learning 算法求解生产阶段预调度方案,利用动态规划算法对运输阶段进行分批。针对博弈模型,利用纳什均衡搜索算法求出纳什均衡调度,以实现优化指标的最佳组合。实验验证了机器故障发生后,博弈模型能得到比机器右移策略更好的机器效率鲁棒性和运输费用鲁棒性。

第9章　总结与展望

本书介绍了智能制造下生产与运输问题中的博弈背景及博弈特征,综述了生产运输协调调度及博弈理论在调度问题中的发展现状,系统介绍了博弈基本理论、博弈调度问题及求解博弈调度问题的强化学习方法,并利用博弈理论研究了几类生产与运输调度问题。对比例流水车间、柔性流水车间调度问题,以及单台批处理机生产运输协调调度问题,考虑工件可以通过结盟来减少生产成本,利用合作博弈理论进行了研究,分析了在不同车间环境下合作博弈的性质,并给出了合理的成本分配方法;对二机流水车间生产运输协调调度问题,考虑工件之间存在对生产运输资源的竞争,利用非合作博弈理论进行了研究,并设计强化学习算法得到了纳什均衡调度;对并行机生产后运输协调调度问题,考虑机器故障,采用机器效率鲁棒性和运输费用鲁棒性两个指标衡量重调度,并对多目标调度问题利用非合作博弈建模方法求解。

与传统生产与运输调度问题的研究方法相比,博弈调度的研究还不够充分,现有的理论和方法还不够完善。未来可以考虑从以下几个方面开展研究工作。

1. 多目标生产与运输博弈调度模型研究

实际生产与运输调度问题往往需要考虑提高生产效率及客户满意度、降低生产成本及能源消耗、满足交货期等多个目标,属于多目标优化问题,且不同目标函数之间存在耦合和冲突关系。根据生产、运输、客户等不同主体之间的竞争与合作特点,实现各主体不同目标间的均衡优化,具有一定的现实意义和挑战性。

从多目标角度出发,提炼出更符合实际的多目标调度模型,考虑生产与运输过程中企业与客户、客户与客户、不同目标之间存在的合作和竞争,将传统多目标调度理论转化为博弈调度模型,解决多目标之间的冲突与平衡。

2. 复杂生产运输环境下的博弈调度问题研究

实际生产系统中机器环境复杂,在多机生产环境下,针对不相关并行机、多台批处理机及其组合而成的复杂流水车间或作业车间生产运输问题,考虑订单所属客户之间可以通过结盟减少联盟的总成本,利用合作博弈理论进行研究,分析合作博弈的性质并设计合理的成本分配方法。考虑到不同主体或目标之间存在对加工、运输资源的竞争,针对复杂生产运输环境下的调度问题,利用非合作博弈理论进行研究,结合钢铁加工制造等流程工业生产实际,考虑加工时间可控、恶化效应及学习效应等因素,建立博弈调度模型。针对不同机器环境下的生产运输调度问题,考虑系统中存在的不确定性,如出现机器或运输设备故障、工件动态到达等,研究博弈调度模型的构建和进行博弈性质分析。

3. 生产与运输博弈调度优化算法研究

针对复杂环境下生产与运输博弈调度问题,根据不同生产环境下机器、工件、运输设备的动态特征,基于动态规划等方法将生产运输调度问题转化为马尔可夫决策过程,通过将工件、机器、运输等状态转化为状态空间寻求调度规则与强化学习行为策略的关联、目标函数与奖励函数的关系,设计高效的强化学习算法获得合作博弈调度方案及非合作博弈调度均衡解,并通过实验仿真或工业数据应用验证算法的性能差异。

参考文献

常春光，代宾宾，2023. 预制构件生产-运输分批协同调度双目标优化[J]. 工业工程与管理，28(4)：82-93.

宫华，许可，孙文娟，2023. 带尺寸约束的双机流水车间生产运输协调博弈调度问题[J]. 控制与决策，38(7)：1942-1950.

宫华，张彪，许可，2015. 并行机生产与成批配送协调调度问题的近似策略[J]. 沈阳工业大学学报，37(3)：324-328.

宫华，张二梅，刘芳，2017. 传搁时间约束下的运输与批处理机生产协调调度[J]. 控制与决策，32(6)：995-1000.

韩忠华，张权，史海波，等，2019. 带准备时间的柔性流水车间多序列有限缓冲区排产优化问题[J]. 机械工程，55(24)：236-252.

李宝帅，叶春明，2021. 深度强化学习算法求解作业车间调度问题[J]. 计算机工程与应用，57(23)：248-254.

李颖俐，李新宇，高亮，2020. 混合流水车间调度问题研究综述[J]. 中国机械工程，31(23)：2798-2813.

刘长平，叶春明，2012. 置换流水车间调度问题的萤火虫算法求解[J]. 工业工程与管理，17(3)：56-59.

裴小兵，李依臻. 2020. 基于三方博弈的改进遗传算法求解多目标柔性作业车间调度[J]. 工业工程与管理，25(4)：59-68.

孙大为，刘人静，汪应洛. 1998. 区域经济合作的博弈论分析[J]. 系统工程理论与实践，18(1)：32-37,55.

孙文娟，宫华，许可，等，2022. 带有交货期的比例流水车间调度问题的合作博弈[J]. 控制与决策，37(3)：712-720.

王建军，刘晓盼，刘锋，等，2017. 随机机器故障下加工时间可控的并行机鲁棒调度[J]. 中国管理科学，25(3)：111-120.

王军，曹雷，陈希亮，等，2022. 纯策略纳什均衡的博弈强化学习[J]. 计算机工程与应用，58(15)：78-86.

王君妍，王薛苑，轩华，2017. 带批处理机的多阶段柔性流水车间调度优化[J]. 郑州大学学报(工学版)，38(5)：86-90.

王凌，潘子肖，2021. 基于深度强化学习与迭代贪婪的流水车间调度优化[J]. 控制与决策，36(11)：2609-2617.

王维祺，叶春明，谭晓军，2020. 基于 Q 学习算法的作业车间动态调度[J]. 计算机系统应用，29(11)：218-226.

王志勇,韩旭,许维胜,等,2010. 基于改进蚁群算法的纳什均衡求解[J]. 计算机工程, 36(14):166-168,171.

肖鹏飞,张超勇,孟磊磊,等,2021. 基于深度强化学习的非置换流水车间调度问题[J]. 计算机集成制造系统,27(1):192-205.

"新一代人工智能引领下的智能制造研究"课题组,2018. 中国智能制造发展战略研究[J]. 中国工程科学,20(4):1-8.

轩华,张慧贤,李冰,2020. 多阶段恶化柔性流水车间调度优化研究[J]. 系统工程,38(3): 52-63.

薛梅,周志平,2016. 批处理机环境下生产与两阶段运输协同调度问题研究[J].中国管理科学,24(专辑):22-28.

袁晴堂,殷瑞钰,曹湘洪,等,2020. 面向2035的流程制造业智能化目标、特征和路径战略研究[J]. 中国工程科学,22(3):148-156.

张东阳,叶春明,2019. 应用强化学习算法求解置换流水车间调度问题[J]. 计算机系统应用,28(12):195-199.

赵也践,王艳红,张俊,等,2022. 改进Q学习算法在作业车间调度问题中的应用[J]. 系统仿真学报,34(6):1247-1258.

周光辉,王蕊,江平宇,等,2010. 作业车间调度的非合作博弈模型与混合自适应遗传算法[J]. 西安交通大学学报,44(5):35-39.

周艳平,顾幸生,2010. 一类流水车间调度问题的合作博弈[J]. 化工学报,61(8): 1983-1987.

AGNETIS A,MOSHEIOV G,2017. Scheduling with job-rejection and position-dependent processing times on proportionate flowshops[J]. Optimization Letters,11(4):885-892.

ALOULOU M A,BOUZAIENE A,DRIDI N,et al.,2014. A bicriteria two-machine flow-shop serial-batching scheduling problem with bounded batch size[J]. Journal of Scheduling,17(1):17-29.

ATAY A,CALLEJA P,SOTERAS S,2021. Open shop scheduling games[J]. European Journal of Operational Research,295(1):12-21.

AUMANN R J,1959. Acceptable points in general cooperative n-person games[J]. Contributions to the Theory of Games,Ⅳ:287-324.

AWERBUCH B,AZAR Y,RICHTER Y,et al.,2006. Tradeoffs in worst-case equilibria [J]. Theoretical Computer Science,361(2-3):200-209.

AZADEH A,GOODARZI A H,KOLAEE M H,et al.,2019. An efficient simulation-neural network-genetic algorithm for flexible flow shops with sequence-dependent setup times,job deterioration and learning effects[J]. Neural Computing & Applications, 31(9):5327-5341.

BAPTISTE P,2000. Batching identical jobs[J]. Mathematical Methods of Operations Research,52:355-367.

BELABID J,AQIL S,ALLALI K,2023. Nash equilibrium inspired greedy search for solving flow shop scheduling problems[J]. Applied Intelligence,53(11):13415-13431.

BORM P, FIESTRAS-JANEIRO G, HAMERS H, et al. , 2002. On the convexity of games corresponding to sequencing situations with due dates [J]. European Journal of Operational Research, 136(3): 616-634.

BOTTA-GENOULAZ V, 2000. Hybrid flow shop scheduling with precedence constraints and time lags to minimize maximum lateness[J]. International Journal of Production Economics, 64(1/3):101-111.

BOUDAREVA O N, 1963. Certain applications of the methods of linear programming to the theory of cooperative games[J]. Problemy Kibernetiki, 10: 119-139 (in Russian).

BRANZEI R, DIMITROV D, TIJS S, 2011. 合作博弈理论模型[M]. 2 版. 刘小冬, 刘九强, 译. 北京: 科学出版社.

CALLEJA P, BORM P, HAMERS H, et al. , 2002. On a new class of parallel sequencing situations and related games[J]. Annals of Operations Research, 109(1-4): 265-277.

CHANG Y C, LI V C, CHIANG C J, 2014. An ant colony optimization heuristic for an integrated production and distribution scheduling problem[J]. Engineering Optimization, 46(4): 503-520.

CHEN Q Q, LIN L, TAN Z Y, et al. , 2017. Coordination mechanisms for scheduling games with proportional deterioration[J]. European Journal of Operational Research, 263(2): 380-389.

CHEN Z L, 2010. Integrated production and outbound distribution scheduling: review and extensions[J]. Operations Research, 58 (1): 130-148.

CHENG B Y, LEUNG J Y T, LI K, 2015. Integrated scheduling of production and distribution to minimize total cost using an improved ant colony optimization method[J]. Computers & Industrial Engineering, 83: 217-225.

CHOI B C, YOON S H, CHUNG S J, 2007. Minimizing maximum completion time in a proportionate flow shop with one machine of different speed[J]. European Journal of Operational Research, 176(2): 964-974.

CHRISTODOULOU G, KOUTSOUPIAS E, NANAVATI A, 2004. Coordination mechanisms[C]. In: Proceedings of the 31st International Colloquium on Automata, Languages and Programming (ICALP'04), Lecture Notes in Computer Science, 3142: 345-357.

CIFTCI B, BORM P, HAMERS H, et al. , 2013. Batch sequencing and cooperation[J]. Journal of Scheduling, 16(4): 405-415.

CURIEL I, PEDERZOLI G, TIJS S, 1989. Sequencing games[J]. European Journal of Operational Research, 40(3): 344-351.

CURIEL I, POTTERS J, RAJENDRA PRASAD V, et al. , 1994. Sequencing and cooperation[J]. Operations Research, 42(3): 566-568.

DAI M, ZHANG Z W, GIRET A, et al. , 2019. An enhanced estimation of distribution algorithm for energy-efficient job-shop scheduling problems with transportation constraints[J]. Sustainability, 11(11): 1-23.

DONG J M, WANG X S, HU J L, et al., 2016. An improved two-machine flowshop scheduling with intermediate transportation[J]. Journal of Combinatorial Optimization, 31(3): 1316-1334.

ESTÉVEZ-FERNÁNDEZ A, MOSQUERA M A, BORM P, et al., 2008. Proportionate flow shop games[J]. Journal of Scheduling, 11: 433-447.

FAN G Q, NONG Q Q, 2018. A coordination mechanism for a scheduling game with uniform-batching machines[J]. Asia Pacific Journal of Operational Research, 35(5): 1-15.

FAN H L, SU R, 2022. Mathematical modelling and heuristic approaches to job-shop scheduling problem with conveyor-based continuous flow transporters[J]. Computers & Operations Research, 148: 1059985.

FAN J, LU X W, LIU P H, 2015. Integrated scheduling of production and delivery on a single machine with availability constraint[J]. Theoretical Computer Science, 562: 581-589.

FENG X, XU Z Y, 2019. Integrated production and transportation scheduling on parallel batch-processing machines[J]. IEEE Access, 7: 148393-148400.

GAIRING M, LÜKING T, MAVRONICOLAS M, et al., 2010. Computing Nash equilibria for scheduling on restricted parallel links[J]. Theory of Computing Systems, 47(2): 405-432.

GALLI L, KANZOW C, SCIANDRONE M, 2018. A nonmonotone trust-region method for generalized Nash equilibrium and related problems with strong convergence properties[J]. Computational Optimization and Applications, 69(3): 629-652.

GILLIES D B, 1953. Some theorems on n-person games [D]. PH. D. Thesis, Princeton: Princeton University Press.

GOLDBERG D E, JR R L, 1985. Alleleslociand the traveling salesman problem[C]. Proceedings of 1st International Conference on Genetic Algorithms. Hillsdale, NJ: Lawrence Erlbaum Associates: 154-159.

GONG H, TANG L X, 2011. Two-machine flowshop scheduling with intermediate transportation under job physical space consideration[J]. Computers & Operations Research, 38(9): 1267-1274.

GONG H, TANG L X, DUIN C W, 2010. A two-stage flow shop scheduling problem on a batching machine and a discrete machine with blocking and shared setup times[J]. Computers & Operations Research, 37(5): 960-969.

GONG H, TANG L X, LEUNG Y T, 2016. Parallel machines scheduling with batch deliveries to minimize the total flow time and the delivery cost[J]. Naval Research Logistics, 63(6): 492-502.

HALL N G, POTTS C N, 2005. The coordination of scheduling and batch deliveries[J]. Annals of Operations Research, 135(1): 41-64.

HAMERS H, BORM P, TIJS S, 1995. On games corresponding to sequencing situations with ready times[J]. Mathematical Programming, 69(1): 471-483.

JAMILI N，RANJBAR M，SALARI M，2016. A bi-objective model for integrated scheduling of production and distribution in a supply chain with order release date restrictions[J]. Journal of Manufacturing Systems，40(6)：105-118.

JI M，LIU S，ZHANG X L，et al. ，2017. Sequencing games with slack due windows and group technology considerations [J]. Journal of the Operational Research Society，68(2)：121-133.

JIA Z H，ZHUO X X，LEUNG J Y T，et al. ，2019. Integrated production and transportation on parallel batch machines to minimize total weighted delivery time[J]. Computers & Operations Research，102(2)：39-51.

JIANG Y，HE T，XIONG J，et al. ，2020，Parallel machine production and transportation operations' scheduling with tight time windows[J]. Complexity，10：1381340.

KANGBOK L，ZHENG F F，PINEDO M L，2019. Online scheduling of ordered flow shops [J]. European Journal of Operational Research，272(1)：50-60.

KANZOW C，STECK D，2018. Augmented lagrangian methods for the solution of generalized Nash equilibrium problems[J]. SIAM Journal on Optimization，26(4)：2034-2058.

KARIMI S，ARDALAN Z，NADERI B，et al. ，2016. Scheduling flexible job-shops with transportation times：mathematical models and a hybrid imperialist competitive algorithm[J]. Applied Mathematical Modelling，41(1)：667-682.

KARIMI-MAMAGHAN M，MOHAMMADI M，PASDELOUP B，et al. ，2022. Learning to select operators in meta-heuristics：An integration of Q-learning into the iterated greedy algorithm for the permutation flowshop scheduling problem [J]. European Journal of Operational Research，304(3)：1296-1330.

KHARE A，AGRAWAL S，2019. Scheduling hybrid flowshop with sequence-dependent setup times and due windows to minimize total weighted earliness and tardiness[J]. Computers & Industrial Engineering，135：780-792.

KONG L L，LI H，LUO H B，et al. ，2017. Optimal single-machine batch scheduling for the manufacture，transportation and JIT assembly of precast construction with changeover costs within due dates[J]. Automation in Construction，81：34-43.

LE BRETON M，OWEN G，WEBER S，1992. Strongly balanced cooperative games[J]. International Journal of Game Theory，20(4)：419-427.

LEE C Y，CHEN Z L，2001. Machine scheduling with transportation considerations[J]. Journal of Scheduling，4(1)：3-24.

LEE C Y，LEUNG J Y T，YU G，2006. Two machine scheduling under disruptions with transportation considerations[J]. Journal of Scheduling，9(1)：35-48.

LEE C Y，STRUSEVICH V A，2005. Two-machine shop scheduling with an uncapacitated interstage transporter[J]. IIE Transactions，37(8)：725-736.

LEE G C，KIM Y D，2004. A branch-and-bound algorithm for a two-stage hybrid flowshop scheduling problem minimizing total tardiness[J]. International Journal of Production Research，42(22)：4731-4743.

LEE K, LEUNG J Y T, PINEDO M L, 2012. Coordination mechanisms for parallel machine scheduling[J]. European Journal of Operational Research, 220(2): 305-313.

LEI C J, ZHAO N, YE S, et al., 2020. Memetic algorithm for solving flexible flow-shop scheduling problems with dynamic transport waiting times[J]. Computers & Industrial Engineering, 139: 105984.

LI F, YANG Y, 2016. Cooperation in a single-machine scheduling problem with job deterioration [C]. IEEE Information Technology, Networking, Electronic and Automation Control Conference: 79-82.

LI K L, LIU C B, LI K Q, 2014. An approximation algorithm based on game theory for scheduling simple linear deteriorating jobs[J]. Theoretical Computer Science, 543: 46-51.

LI K, JIA Z H, LEUNG Y T, 2015. Integrated production and delivery on parallel batching machines[J]. European Journal of Operational Research, 247(3): 755-763.

LI S S, CHEN R X, LI W J, 2018. Proportionate flow shop scheduling with multi-agents to maximize total gains of JIT jobs[J]. Arabian Journal for Science and Engineering, 43(2): 969-978.

LI W M, HAN D, GAO L, et al., 2022. Integrated production and transportation scheduling method in hybrid flow shop[J]. Chinese Journal of Mechanical Engineering, 35(1): 1-12.

LI X Y, GAO L, LI W D, 2012. Application of game theory based hybrid algorithm for multi-objective integrated process planning and scheduling[J]. Expert Systems with Applications, 39(1): 288-297.

LI Z, ZHONG R Y, BARENJI A V, et al., 2021. Bi-objective hybrid flow shop scheduling with common due date[J]. Operational Research, 21(2): 1153-1178.

LIU C H, 2011. Using genetic algorithms for the coordinated scheduling problem of a batching machine and two-stage transportation[J], 217(24): 10095-10104.

LIU Q H, WANG N J, LI J, et al., 2023. Research on flexible job shop scheduling optimization based on segmented AGV[J]. CMES-Computer Modeling in Engineering & Sciences, 134(3): 2073-2091.

LIU S S, LIU Z H, 2015. Shapley value for parallel machine sequencing situation without initial order[J]. Mathematical Problems in Engineering, 2015: 437403.

MAGGU P L, DAS G, 1980. On $2 \times n$ sequencing problem with transportation times of jobs [J]. Pure and Applied Mathematika Sciences, 12(1-2): 1-6.

MENSENDIEK A, GUPTA J N D, HERRMANN J, 2015. Scheduling identical parallel machines with fixed delivery dates to minimize total tardiness [J]. European Journal of Operational Research, 243 (2): 514-522.

MIGOT T, COJOCARU M G, 2020. A parametrized variational inequality approach to track the solution set of a generalized Nash equilibrium problem [J]. European Journal of Operational Research, 283(3): 1136-1147.

MOHAMMADI S, MIR-ZAPOUR AL-E-HASHEM S M J, REKIK Y, 2020. An integrated production scheduling and delivery route planning with multi-purpose machines: A case study from a furniture manufacturing company[J]. International Journal of Production Economics, 219: 347-359.

MOONS S, RAMAEKERS K, CARIS A, et al. , 2017. Integrating production scheduling and vehicle routing decisions at the operational decision level: A review and discussion [J]. Computers & Industrial Engineering, 104(C): 224 -245.

MOR B, MOSHEIOV G, 2016. Minsum and minmax scheduling on a proportionate flowshop with common flow-allowance[J]. European Journal of Operational Research, 254(2): 360-370.

MOR B, MOSHEIOV G, SHAPIRA D, 2020. Flowshop scheduling with learning effect and job rejection[J]. Journal of Scheduling, 23(6): 631-641.

NIE L, WANG X G, PAN F Y, 2019. A game-theory approach based on genetic algorithm for flexible job shop scheduling problem[J]. Journal of Physics: Conference Series, 1187(3): 032095.

NONG Q Q, FAN G Q, FANG Q Z, 2017. A coordination mechanism for a scheduling game with parallel-batching machines [J]. Journal of Combinatorial Optimization, 33(2): 567-579.

NONG Q Q, GUO S J, MIAO L H, 2016. The shortest first coordination mechanism for a scheduling game with parallel-batching machines[J]. Journal of the Operations Research Society of China, 4(4): 517-527.

ORON D, 2019. Batching and resource allocation decisions on an m-machine proportionate flowshop[J]. Journal of the Operational Research Society, 70(9): 1571-1578.

PAN Q K, RUIZ R, ALFARO-FERNANDEZ P, 2017. Iterated search methods for earliness and tardiness minimization in hybrid flowshops with due windows [J]. Computers & Operations Research, 80: 50-60.

PANWALKER S S, DUDEK R A, SMITH M L, 1973. Sequencing research and the industrial scheduling problem[J]. Symposium on the Theory of Scheduling and Its Applications, 86: 29-38.

PEI J, PARDALOS P M, LIU X B, et al. , 2014. Serial batching scheduling of deteriorating jobs in a two-stage supply chain to minimize the makespan[J]. European Journal of Operational Research, 244(1): 13-25.

PINEDO M L, 2008. Scheduling: Theory, algorithms and systems [M]. 3rd ed. Englewood Cliffs, NJ: Prentice-Hall.

QIN H, LI T, TENG Y, et al. , 2021. Integrated production and distribution scheduling in distributed hybrid flow shops[J]. Memetic Computing, 13(2): 185-202.

REN J F, YE C M, YANG F, 2021. Solving flow-shop scheduling problem with a reinforcement learning algorithm that generalizes the value function with function with neural network[J]. Alexandria Engineering Journal, 60(3): 2787-2800.

SAFARI G, HAFEZALKOTOB A, KHALILZADEH M, 2018. A Nash bargaining model for flow shop scheduling problem under uncertainty: a case study from tire manufacturing in Iran [J]. The International Journal of Advanced Manufacturing Technology, 96(3): 531-546.

SHABTAY D, 2012. The just-in-time scheduling problem in a flow-shop scheduling system[J]. European Journal of Operational Research, 216(3): 521-532.

SHAKHLEVICH N, HOOGEVEEN H, PINEDO M, 1998. Minimizing total weighted completion time in a proportionate flow shop[J]. Journal of Scheduling, 1(3): 157-168.

SHAPLEY L S, 1953. A value for n-person games[J]. Annals of Mathematics Studies, 28: 307-317.

SHAPLEY L S, 1967. On balanced sets and cores[J]. Naval Research Logistics Quarterly, 14: 453-460.

SHIAU D F, CHENG S C, HUANG Y M, 2008. Proportionate flexible flow shop scheduling via a hybrid constructive genetic algorithm [J]. Expert Systems with Applications, 34(2): 1133-1143.

SLIKKER M, 2005. Balancedness of sequencing games with multiple parallel machines[J]. Annals of Operations Research, 137(1): 177-189.

SMITH W, 1956. Various optimizers for single-stage production [J]. Naval Research Logistics Quarterly, 3: 59-66.

STEVENS J W, GEMMILL D D, 1997. Scheduling a two-machine flowshop with travel times to minimize maximum lateness[J]. International Journal of Production Research, 35(1): 1-15.

SUN D H, HE W, ZHENG L J, et al. , 2014. Scheduling flexible job shop problem subject to machine breakdown with game theory [J]. International Journal of Production Research, 52(13): 3858-3876.

SUN X Y, GENG X N, LIU T, 2020. Due-window assignment scheduling in the proportionate flow shop setting[J]. Annals of Operations Research, 292(1): 113-131.

SUNG C S, CHOUNG Y I, 2000. Minimizing makespan on a single burn-in oven in semiconductor manufacturing[J]. European Journal of Operational Research, 120(3): 559-574.

TANG L X, GONG H, LIU J Y, et al. , 2014. Bicriteria scheduling on a single batching machine with job transportation and deterioration considerations[J]. Naval Research Logistics, 61(4): 269-285.

TANG L X, GUAN J, HU G F, 2010. Steelmaking and refining coordinated scheduling problem with waiting time and transportation consideration[J]. Computers & Industrial Engineering, 58(2): 239-248.

TANG L X, LIU P, 2009a. Two-machine flowshop scheduling problems involving a batching machine with transportation or deterioration consideration [J]. Applied Mathematical Modelling, 33(2): 1187-1199.

TANG L X, LIU P, 2009b. Flowshop scheduling problems with transportation or deterioration between the batching and single machines[J]. Computers & Industrial Engineering, 56(4): 1289-1295.

THIAGO H N, AMANDA B B, GUSTAVO T O M, et al., 2020. Problem on the integration between production and delivery with parallel batching machines of generic job sizes and processing times[J]. Computers & Industrial Engineering, 146: 106573.

TIJS S H, 1981. Bounds for the core and the τ-value[J]. Game Theory & Mathematical Economics.

TIJS S H, DRIESSEN T S H, 1986. Game theory and costallocation problems[J]. Management Science, 32(8): 1015-1028.

VON NEUMANN J, MORGENSTERN O, 1944. Theory of game theory[M]. Princeton: Cambridge University Press.

WANG C J, XI Y G, 2005. Modeling and analysis of single machine scheduling based on non- cooperative game theory[J]. Acta Automatics Sinica, 31(4): 516-522.

WANG C N, PORTER G A, HUANG C C, et al., 2022. Flow-shop scheduling with transportation capacity and time consideration[J]. Computers, Materials & Continua, 70(2): 3031-3048.

WANG H, SHENG B Y, LU Q B, et al., 2021. A novel multi-objective optimization algorithm for the integrated scheduling of flexible job shops considering preventive maintenance activities and transportation processes[J]. Soft Computing, 25(4): 1-27.

WANG R, ZHOU G H, 2013. Optimization of dynamic job-shop scheduling based on game theory[J]. Applied Mechanics & Materials, 373-375: 1045-1048.

XIN X, JIANG Q Q, LI S H, et al., 2021. Energy-efficient scheduling for a permutation flow shop with variable transportation time using an improved discrete whale swarm optimization[J]. Journal of Cleaner Production, 293(5): 126121.

YAĞMUR E, KESEN S E, 2021. Multi-trip heterogeneous vehicle routing problem coordinated with production scheduling: Memetic algorithm and simulated annealing approaches[J]. Computers & Industrial Engineering, 161: 107649.

YANG G J, SUN H, HOU D S, et al., 2019. Games in sequencing situations with externalities[J]. European Journal of Operational Research, 278(2): 699-708.

YANG G J, SUN H, UETZ M, 2020. Cooperative sequencing games with position-dependent learning effect[J]. Operations Research Letters, 48(4): 428-434.

YANG S G, XU Z G, 2021. The distributed assembly permutation flowshop scheduling problem with flexible assembly and batch delivery[J]. International Journal of Production Research, 59(13): 4053-4071.

YUAN S P, LI T K, WANG B L, 2020. A co-evolutionary genetic algorithm for the two-machine flow shop group scheduling problem with job-related blocking and transportation times[J]. Expert Systems with Applications, 152: 113360.

YUAN S P, LI T K, WANG B L, 2021. A discrete differential evolution algorithm for flow shop group scheduling problem with sequence-dependent setup and transportation times [J]. Journal of Intelligent Manufacturing, 32(2): 427-439.

ZHANG C L, 2018. A coordination mechanism for scheduling game on parallel machines with flexible maintenance [C]. IEEE 15th International Conference on Networking, Sensing and Control (ICNSC): 1-6.

ZHANG Y F, WANG J, LIU Y, 2017. Game theory based real-time multi-objective flexible job shop scheduling considering environmental impact [J]. Journal of Cleaner Production, 167: 665-679.

ZHANG Z C, WAN G W P, ZHONG S Y, et al., 2013. Flow shop scheduling with reinforcement learning [J]. Asia-Pacific Journal of Operational Research, 30 (5): 1350014.

ZHONG W Y, CHEN Z L, 2015. Flowshop scheduling with interstage job transportation [J]. Journal of Scheduling, 18(4): 411-422.

ZHOU Y P, GU X S, 2009. Research on no-wait flow shop scheduling problem with fuzzy due date based on evolution games [C]. IEEE International Conference on Computer Science and Information Technology, Wuhan: 495-499.

ZHOU Y P, GU X S, 2012. A new cost allocation approach on one machine sequencing games [J]. Applied Mechanics and Materials, 121-126: 3731-3735.

ZHOU Y P, HU N P, 2016. Single machine scheduling problem with cost constraints based on customer driven and its noncooperative game [C]. Control and Decision Conference, Yinchuan, China: 2177-2180.

ZHOU Y Y, ZHANG Q, 2015. Multiple-machine scheduling with learning effects and cooperative games [J]. Mathematical Problems in Engineering, 197123.

名词列表

博弈论

边际贡献

博弈方

策略空间

策略组合

收益

调度

博弈调度

置换调度

初始调度

可行调度

最优调度

多项式时间算法

合作博弈

合作博弈调度

排序博弈

合作剩余

成本节省

边际成本

联盟

联盟价值

连通联盟

特征函数

无异议博弈

超可加博弈

单调博弈

凸博弈

σ_0-组可加博弈

均衡的

均衡映射

均衡博弈

分配

有效分配

个体理性

集体有效性

核心

核心分配

优超

稳定集

Shapley 值

τ 值

EGS 规则

GS 规则

β 规则

集值解

单点解

非合作博弈

非合作博弈调度

纳什均衡

强纳什均衡

广义纳什均衡

协调机制

近似纳什均衡

机器

机器环境

单机

成本函数

成本系数

紧急系数

加工时间

完工时间

交货期

公共交货期

惩罚费用

流水车间

比例流水车间

柔性流水车间

批处理机

LOE 分批规则

工件

外部性

前序集

后序集

提前加工

延后加工

相邻交换

智能体

强化学习

马尔可夫性

马尔可夫决策过程

动态规划

状态特征

动作

异策略

贪婪策略

奖励函数

累积奖励

即时奖励

值函数

基函数

权重

正规化

目标

目标函数

NP-难问题

最大完工时间

加权完工时间

加权完工时间和

最优值

算法

时间复杂性

性能

正交试验

社会效益

聚点均衡

帕累托上策均衡

同速并行机

中断

机器故障

预调度

重调度

指标函数

鲁棒性

右移策略

路线转移策略

附录 A　英汉排序与调度词汇

（2022 年 4 月版）

《排序与调度丛书》编委会

20 世纪 50 年代越民义就注意到排序（scheduling）问题的重要性和在理论上的难度。1960 年他编写了国内第一本排序理论讲义。70 年代初，他和韩继业一起研究同顺序流水作业排序问题，开创了中国研究排序论的先河①。在他们两位的倡导和带动下，国内排序的理论研究和应用研究有了较大的发展。之后，国内也有文献把 scheduling 译为"调度"②。正如 Potts 等指出："排序论的进展是巨大的。这些进展得益于研究人员从不同的学科（例如，数学、运筹学、管理科学、计算机科学、工程学和经济学）所做出的贡献。排序论已经成熟，有许多理论和方法可以处理问题；排序论也是丰富的（例如，有确定性或者随机性的模型、精确的或者近似的解法、面向应用的或者基于理论的）。尽管排序论研究取得了进展，但是在这个令人兴奋并且值得探索的领域，许多挑战仍然存在。"③不同学科带来了不同的术语。经过 50 多年的发展，国内排序与调度的术语正在逐步走向统一。这是学科正在成熟的标志，也是学术交流的需要。

我们提倡术语要统一，将"scheduling""排序""调度"这三者视为含义完全相同、可以相互替代的 3 个中英文词汇，只不过这三者使用的场合和学科（英语、运筹学、自动化）不同而已。这次的"英汉排序与调度词汇（2022 年 4 月版）"收入 236 条词汇，就考虑到不同学科的不同用法。我们欢迎不同学科的研究者推荐适合本学科的术语，补充进未来的版本中。

---

① 越民义，韩继业. n 个零件在 m 台机床上的加工顺序问题[J]. 中国科学，1975(5)：462-470.
② 周荣生. 汉英综合科学技术词汇[M]. 北京：科学出版社，1983.
③ POTTS C N，STRUSEVICH V A. Fifty years of scheduling：a survey of milestones[J]. Journal of the Operational Research Society，2009，60：S41-S68.

1	activity	活动
2	agent	代理
3	agreeability	一致性
4	agreeable	一致的
5	algorithm	算法
6	approximation algorithm	近似算法
7	arrival time	就绪时间，到达时间
8	assembly scheduling	装配排序
9	asymmetric linear cost function	非对称线性损失函数，非对称线性成本函数
10	asymptotic	渐近的
11	asymptotic optimality	渐近最优性
12	availability constraint	可用性约束
13	basic (classical) model	基本 (经典) 模型
14	batching	分批
15	batching machine	批处理机，批加工机器
16	batching scheduling	分批排序，批调度
17	bi-agent	双代理
18	bi-criteria	双目标，双准则
19	block	阻塞，块
20	classical scheduling	经典排序
21	common due date	共同交付期，相同交付期
22	competitive ratio	竞争比
23	completion time	完工时间
24	complexity	复杂性
25	continuous sublot	连续子批
26	controllable scheduling	可控排序
27	cooperation	合作，协作
28	cross-docking	过栈，中转库，越库，交叉理货
29	deadline	截止日期 (时间)
30	dedicated machine	专用机，特定的机器
31	delivery time	送达时间
32	deteriorating job	退化工件，恶化工件
33	deterioration effect	退化效应，恶化效应
34	deterministic scheduling	确定性排序
35	discounted rewards	折扣报酬
36	disruption	干扰
37	disruption event	干扰事件
38	disruption management	干扰管理
39	distribution center	配送中心

40	dominance	优势, 占优, 支配
41	dominance rule	优势规则, 占优规则
42	dominant	优势的, 占优的
43	dominant set	优势集, 占优集
44	doubly constrained resource	双重受限制资源, 使用量和消耗量都受限制的资源
45	due date	交付期, 应交付期限, 交货期
46	due date assignment	交付期指派, 与交付期有关的指派（问题）
47	due date scheduling	交付期排序, 与交付期有关的排序（问题）
48	due window	交付时间窗, 窗时交付期, 交货时间窗
49	due window scheduling	窗时交付排序, 窗时交货排序, 宽容交付排序
50	dummy activity	虚活动, 虚拟活动
51	dynamic policy	动态策略
52	dynamic scheduling	动态排序, 动态调度
53	earliness	提前
54	early job	非误工工件, 提前工件
55	efficient algorithm	有效算法
56	family	族
57	feasible	可行的
58	flow shop	流水作业, 流水（生产）车间
59	flow time	流程时间
60	forgetting effect	遗忘效应
61	game	博弈
62	greedy algorithm	贪婪算法, 贪心算法
63	group	组, 成组, 群
64	group technology	成组技术
65	heuristic algorithm	启发式算法
66	identical machine	同型机, 同型号机
67	idle time	空闲时间
68	immediate predecessor	紧前工件, 紧前工序
69	immediate successor	紧后工件, 紧后工序
70	in-bound logistics	内向物流, 进站物流, 入场物流, 入厂物流
71	integrated scheduling	集成排序, 集成调度
72	intree (in-tree)	内向树, 入树, 内收树, 内放树
73	inverse scheduling problem	排序反问题, 排序逆问题
74	item	项目
75	JIT scheduling	准时排序
76	job	工件, 作业, 任务
77	job shop	异序作业, 作业车间, 单件（生产）车间
78	late job	误期工件

79	late work	误工，误工损失
80	lateness	延迟，迟后，滞后
81	list policy	列表排序策略
82	list scheduling	列表排序
83	logistics scheduling	物流排序，物流调度
84	lot-size	批量
85	lot-sizing	批量化
86	lot-streaming	批量流
87	machine	机器
88	machine scheduling	机器排序，机器调度
89	maintenance	维护，维修
90	major setup	主安装，主要设置，主要准备，主准备
91	makespan	最大完工时间，制造跨度，工期
92	max-npv (NPV) project scheduling	净现值最大项目排序，最大净现值的项目排序
93	maximum	最大，最大的
94	milk run	循环联运，循环取料，循环送货
95	minimum	最小，最小的
96	minor setup	次要准备，次要设置，次要安装，次准备
97	modern scheduling	现代排序
98	multi-criteria	多目标，多准则
99	multi-machine	多台同时加工的机器
100	multi-machine job	多机器加工工件，多台机器同时加工的工件
101	multi-mode project scheduling	多模式项目排序
102	multi-operation machine	多工序机
103	multiprocessor	多台同时加工的机器
104	multiprocessor job	多机器加工工件，多台机器同时加工的工件
105	multipurpose machine	多功能机，多用途机
106	net present value	净现值
107	nonpreemptive	不可中断的
108	nonrecoverable resource	不可恢复（的）资源，消耗性资源
109	nonrenewable resource	不可恢复（的）资源，消耗性资源
110	nonresumable	(工件加工) 不可继续的，(工件加工) 不可恢复的
111	nonsimultaneous machine	不同时开工的机器
112	nonstorable resource	不可储存（的）资源
113	nowait	(前后两个工序) 加工不允许等待
114	NP-complete	NP-完备，NP-完全
115	NP-hard	NP-困难（的），NP-难（的）
116	NP-hard in the ordinary sense	普通 NP-困难（的），普通 NP-难（的）
117	NP-hard in the strong sense	强 NP-困难（的），强 NP-难（的）

118	offline scheduling	离线排序
119	online scheduling	在线排序
120	open problem	未解问题,(复杂性)悬而未决的问题,尚未解决的问题,开放问题,公开问题
121	open shop	自由作业,开放(作业)车间
122	operation	工序,作业
123	optimal	最优的
124	optimality criterion	优化目标,最优化的目标,优化准则
125	ordinarily NP-hard	普通 NP-(困)难的,一般 NP-(困)难的
126	ordinary NP-hard	普通 NP-(困)难,一般 NP-(困)难
127	out-bound logistics	外向物流
128	outsourcing	外包
129	outtree(out-tree)	外向树,出树,外放树
130	parallel batch	并行批,平行批
131	parallel machine	并行机,平行机,并联机
132	parallel scheduling	并行排序,并行调度
133	partial rescheduling	部分重排序,部分重调度
134	partition	划分
135	peer scheduling	对等排序
136	performance	性能
137	permutation flow shop	同顺序流水作业,同序作业,置换流水车间,置换流水作业
138	PERT(program evaluation and review technique)	计划评审技术
139	polynomially solvable	多项式时间可解的
140	precedence constraint	前后约束,先后约束,优先约束
141	predecessor	前序工件,前工件,前工序
142	predictive reactive scheduling	预案反应式排序,预案反应式调度
143	preempt	中断
144	preempt-repeat	重复(性)中断,中断-重复
145	preempt-resume	可续(性)中断,中断-继续,中断-恢复
146	preemption	中断
147	preemption schedule	可以中断的排序,可以中断的时间表
148	preemptive	中断的,可中断的
149	proactive	前摄的,主动的
150	proactive reactive scheduling	前摄反应式排序,前摄反应式调度
151	processing time	加工时间,工时
152	processor	机器,处理机
153	production scheduling	生产排序,生产调度

154	project scheduling	项目排序，项目调度
155	pseudo-polynomially solvable	伪多项式时间可解的，伪多项式可解的
156	public transit scheduling	公共交通调度
157	quasi-polynomially	拟多项式时间，拟多项式
158	randomized algorithm	随机化算法
159	re-entrance	重入
160	reactive scheduling	反应式排序，反应式调度
161	ready time	就绪时间，准备完毕时刻，准备时间
162	real-time	实时
163	recoverable resource	可恢复（的）资源
164	reduction	归约
165	regular criterion	正则目标，正则准则
166	related machine	同类机，同类型机
167	release time	就绪时间，释放时间，放行时间
168	renewable resource	可恢复（再生）资源
169	rescheduling	重新排序，重新调度，重调度，再调度，滚动排序
170	resource	资源
171	res-constrained scheduling	资源受限排序，资源受限调度
172	resumable	（工件加工）可继续的，（工件加工）可恢复的
173	robust	鲁棒的
174	schedule	时间表，调度表，调度方案，进度表，作业计划
175	schedule length	时间表长度，作业计划期
176	scheduling	排序，调度，排序与调度，安排时间表，编排进度，编制作业计划
177	scheduling a batching machine	批处理机排序
178	scheduling game	排序博弈
179	scheduling multiprocessor jobs	多台机器同时对工件进行加工的排序
180	scheduling with an availability constraint	机器可用受限的排序问题
181	scheduling with batching	分批排序，批处理排序
182	scheduling with batching and lot-sizing	分批批量排序，成组分批排序
183	scheduling with deterioration effects	退化效应排序
184	scheduling with learning effects	学习效应排序
185	scheduling with lot-sizing	批量排序
186	scheduling with multipurpose machine	多功能机排序，多用途机器排序
187	scheduling with non-negative time-lags	（前后工件结束加工和开始加工之间）带非负时间滞差的排序

188	scheduling with nonsimultaneous machine available time	机器不同时开工排序
189	scheduling with outsourcing	可外包排序
190	scheduling with rejection	可拒绝排序
191	scheduling with time windows	窗时交付期排序, 带有时间窗的排序
192	scheduling with transportation delays	考虑运输延误的排序
193	selfish	自利的
194	semi-online scheduling	半在线排序
195	semi-resumable	(工件加工) 半可继续的,(工件加工) 半可恢复的
196	sequence	次序, 序列, 顺序
197	sequence dependent	与次序有关
198	sequence independent	与次序无关
199	sequencing	安排次序
200	sequencing games	排序博弈
201	serial batch	串行批, 继列批
202	setup cost	安装费用, 设置费用, 调整费用, 准备费用
203	setup time	安装时间, 设置时间, 调整时间, 准备时间
204	shop machine	串行机, 多工序机器
205	shop scheduling	车间调度, 串行排序, 多工序排序, 多工序调度, 串行调度
206	single machine	单台机器, 单机
207	sorting	数据排序, 整序
208	splitting	拆分的
209	static policy	静态排法, 静态策略
210	stochastic scheduling	随机排序, 随机调度
211	storable resource	可储存 (的) 资源
212	strong NP-hard	强 NP- (困) 难
213	strongly NP-hard	强 NP- (困) 难的
214	sublot	子批
215	successor	后继工件, 后工件, 后工序
216	tardiness	延误, 拖期
217	tardiness problem i.e. scheduling to minimize total tardiness	总延误排序问题, 总延误最小排序问题, 总延迟时间最小化问题
218	tardy job	延误工件, 误工工件
219	task	工件, 任务
220	the number of early jobs	提前完工工件数, 不误工工件数
221	the number of tardy jobs	误工工件数, 误工数, 误工件数
222	time window	时间窗
223	time varying scheduling	时变排序

224	time/cost trade-off	时间／费用权衡
225	timetable	时间表, 时刻表
226	timetabling	编制时刻表, 安排时间表
227	total rescheduling	完全重排序, 完全再排序, 完全重调度, 完全再调度
228	tri-agent	三代理
229	two-agent	双代理
230	uniform machine	同类机, 同类别机
231	unit penalty	误工计数, 单位罚金
232	unrelated machine	非同类型机, 非同类机
233	waiting time	等待时间
234	weight	权, 权值, 权重
235	worst-case analysis	最坏情况分析
236	worst-case (performance) ratio	最坏（情况的）（性能）比